国家林业和草原局普通高等教育"十四五"规划教材

动物生理学实验

丛日华　王金泉　主编

中国林业出版社
China Forestry Publishing House

内 容 简 介

《动物生理学实验》具有适应面广、实用性强、结构系统完整、内容新颖和超前的特点。针对 9 个器官系统遴选出 61 个代表性、经典性实验，以实验基本操作技术为主要手段，以现代实验设备条件下的实验教学为宗旨，传授知识、验证理论，更注重培养、提高学生的动手能力、实验设计能力和综合素质，形成独立的动物生理学实验教学体系；同时系统地介绍了生理学研究、科学论文撰写的基本程序和要求，由浅入深，循序渐进。促进学生牢固掌握生理学理论知识、培养学生创新意识，提高学生的动手能力和综合分析能力。本教材既能满足高等农、林、水产院校的专业需要，又能适应现代科学技术发展水平和生产应用需求。

图书在版编目（CIP）数据

动物生理学实验/丛日华，王金泉主编. —北京：
中国林业出版社，2022.11
国家林业和草原局普通高等教育"十四五"规划教材
ISBN 978-7-5219-1997-4

Ⅰ. ①动… Ⅱ. ①丛… ②王… Ⅲ. ①动物学-生理学-实验-高等学校-教材 Ⅳ. ①Q4-33

中国版本图书馆 CIP 数据核字（2022）第 235974 号

策划编辑：高红岩 李树梅
责任编辑：李树梅
责任校对：苏 梅
封面设计：五色空间

出版发行 中国林业出版社
 （100009，北京市西城区刘海胡同 7 号，电话 83223120）
电子邮箱 cfphzbs@ 163. com
网 址 www. forestry. gov. cn/lycb. html
印 刷 北京中科印刷有限公司
版 次 2022 年 11 月第 1 版
印 次 2022 年 11 月第 1 次印刷
开 本 787mm×1092mm 1/16
印 张 12. 5
字 数 290 千字
定 价 35. 00 元

《动物生理学实验》
编写人员

主　编　丛日华　王金泉

副主编　郭　锋　邹华锋

编　者　（按姓氏拼音排序）

丛日华（西北农林科技大学）

戴小华（新疆农业大学）

郭　锋（河南科技学院）

史慧君（新疆农业大学）

苏兰利（河南工业大学）

王金泉（新疆农业大学）

张文龙（西北农林科技大学）

张艳红（河南科技学院）

赵红琼（新疆农业大学）

邹华锋（上海海洋大学）

主　审　姚　刚（新疆农业大学）

前　言

目前，"动物生理学"课程的教学内容、教学要求、教学设备及生产应用有了很大的改变，编写一本既能满足高等农、林、水产院校的专业需要，又能适应现代科学技术发展水平和生产应用需求的《动物生理学实验》教材是当务之急。我们在修订"十三五"规划教材《动物生理学》的基础上编写了这本《动物生理学实验》。

《动物生理学实验》和《动物生理学》教材一样具有适应面广、实用性强、结构系统完整、内容新颖和超前的特点。

本书的实验对象涉及鱼类、两栖类、鸟（禽）类、哺乳类等脊椎动物达 11 种，针对 9 个器官系统遴选出 61 个代表性、经典性实验。这些实验可满足高等农、林、水产院校本科和专科的动物医学、动物科学、水产及生物技术等专业的需要；对相关动物生理学研究也具有较好的指导作用。

本书以实验基本操作技术（包括动物的捉拿、固定、用药方法及麻醉、插管、手术、处死等）为基础，以现代电子科学技术，特别是计算机生物信号采集处理技术（包括刺激、换能、放大、显示、记录结果及处理等）为主要手段，以现代实验设备条件下的实验教学为宗旨，即传授知识、验证理论，更注重培养、提高学生的动手能力、实验设计能力和综合素质，加强了实验教学体系的理论教学内容，形成独立的动物生理学实验教学体系。

本书对经典的生理实验内容进行了合理的保留，增加了一些综合性实验和设计性实验；在此基础上还比较系统地介绍了生理学研究、科学论文撰写的基本程序和要求，促进学生牢固掌握生理学理论知识、培养学生创新意识，提高学生的动手能力和综合分析能力。

编　者

2022 年 5 月

目　录

第1章 动物生理学实验的基本操作技术

1.1 动物生理学实验常用手术器械

1.1.1 常用手术器械

动物生理学实验常用手术器械与医学外科手术器械大致相同，但也有一些专用器械，现仅介绍几种常规的手术器械(图 1-1-1)。

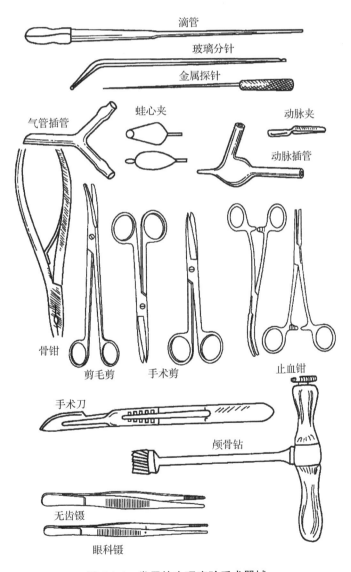

滴管

玻璃分针

金属探针

气管插管　蛙心夹　　　　　动脉夹

动脉插管

骨钳

剪毛剪　　手术剪　　　　止血钳

手术刀

颅骨钻

无齿镊

眼科镊

图 1-1-1 常用的生理实验手术器械

1.1.1.1　手术刀

手术刀主要用来切开皮肤和脏器。手术刀片有圆刃、尖刃和弯刃 3 种。刀柄也分多种，最常用的是 4 号刀柄和 7 号刀柄(图 1-1-2)。可根据手术部位、性质的需要自由拆装和更换变钝或损坏的手术刀片(图 1-1-3)。

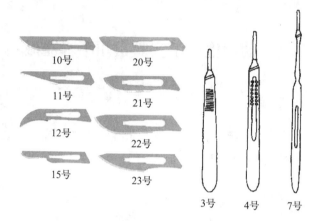

图 1-1-2　常用的手术刀片及刀柄

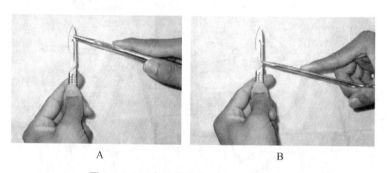

图 1-1-3　手术刀片的安装(A)和拆卸(B)

持刀的方式有 4 种(图 1-1-4)，其中执弓式是一种常用的持刀方式。其动作范围广泛而灵活，用于腹部、颈部和股部的皮肤切口。

图 1-1-4　执刀方式
A. 执弓式；B. 握持式；C. 执笔式；D. 反挑式

1.1.1.2　手术剪和粗剪刀

手术剪有钝头剪、尖头剪，其尖端有直、弯之分。主要用于剪皮肤、肌肉等软组织，也可用来分离组织，即利用剪刀尖插入组织间隙，分离无大血管的结缔组织。另外，还有一种小型的眼科剪，主要用于剪血管和神经等软组织。一般来说，深部操作宜用弯剪，不致误伤。剪线大多为钝头直剪，剪毛用钝头、尖端上翘的。正确执剪姿势是用拇指与环指持剪，食指置于手术剪的上方(图 1-1-5)。

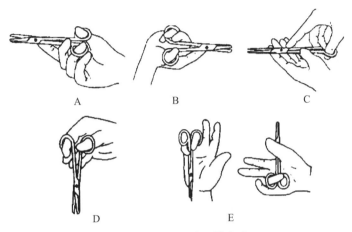

图 1-1-5　手术剪的握持方法

A. 正剪法；B. 反剪法；C. 扶剪法；D. 垂剪法；E. 携剪法

粗剪刀为普通的剪刀。在蛙类的实验中，常用来剪蛙的脊柱、骨等粗硬组织和皮肤。

1.1.1.3　手术镊

手术镊种类很多，名称也不统一，常用的有无齿镊和有齿镊两种，用于夹住或提起组织，以便剥离、剪断或缝合。有齿镊用于提起皮肤、皮下组织、筋膜、肌腱等较坚韧的组织，使其不易滑脱。但有齿镊不能用于夹持重要器官，以免造成损伤。无齿镊用于夹持神经、血管、肠壁或其他脏器的较脆弱组织，而不致组织损伤。正确的执镊方式如图 1-1-6 所示，用力适当地握持着。

图 1-1-6　镊子握持方法

1.1.1.4　血管钳

血管钳又称止血钳，有直、弯、带齿和蚊式钳等数种。主要用于夹血管或止血点，达到止血的目的；也用于分离组织、牵引缝线、把持或拔缝针等。正确持钳与持剪的方法相同(图 1-1-7)。开放血管钳的方法是利用右手已套入血管钳的拇指与环指相对挤压，继而两指向相反的方向旋开，放开血管钳(图 1-1-8)。

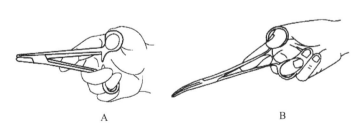

图 1-1-7　持钳法

A. 正确持钳法；B. 错误持钳法

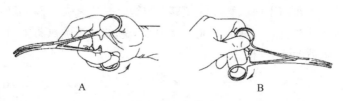

图 1-1-8　松钳法
A. 右手松钳法；B. 左手松钳法

1.1.1.5　骨钳

在打开颅腔和骨髓腔时，用于咬切骨质。

1.1.1.6　颅骨钻

颅骨钻用于开颅时钻孔。

1.1.1.7　气管插管

急性动物实验时，插入气管，以保证呼吸通畅。将一端连接气鼓或换能器，可记录呼吸运动。

1.1.1.8　血管插管

血管插管有动脉插管和静脉插管两种。一些小型动物的动脉插管可用 16 号输血针头磨平来代替。在急性实验时插入动脉，另一端连接压力换能器或水银检压计，以记录血压。静脉插管插入静脉后固定，以便在实验过程中随时用注射器向静脉血管中注入药物和溶液。

1.1.1.9　金属探针

金属探针专门用来毁坏蛙类脑和脊髓。

1.1.1.10　玻璃分针

玻璃分针专门用于分离神经和血管等组织。

1.1.1.11　蛙心夹

使用时将蛙心夹的前端在蛙心室舒张时夹住心室尖，尾端用线系在换能器(或杠杆)上。

1.1.1.12　动脉夹

动脉夹用于阻断动脉血流。

1.1.1.13　蛙板

一块 20 cm × 15 cm 的木板，用于固定蛙类。各种手术器械使用后，都应及时清洗，齿间、轴间的血迹也应用小刷子刷洗干净。洗干净后用干布擦干，忌用明火烘烤或重击。久置不用的金属器械应擦油保护。

1.1.2　手术器械的消毒方法

在慢性实验中，手术器械必须进行提前消毒。常用的灭菌和消毒方法有煮沸消毒法、高压蒸汽消毒法和化学药品消毒法。

1.1.2.1　煮沸消毒法

煮沸消毒法是比较简单的消毒方法，除要求速干的物品外，可广泛地应用于多种物品的消毒。一般用蒸馏水加热，水沸 3~5 min 后将器械放到消毒锅内，等到第二次水沸时计算时间，15 min 可以将一般的细菌杀灭，但不能杀灭具有顽强抵抗力的细菌芽孢。对怀疑有芽孢污染的器械，必须煮沸 60 min 以上。有时为了提高消毒效果，可在水中加入 2% 碳酸氢钠，可以提高水的沸点至 102~105℃。这样，既可以加强灭菌能力，又能防止金属器械生锈(但对橡胶制品有害)。煮沸灭菌时，器械或物品应放在水面以下，煮沸器的盖子应关闭严密，以保持沸水的温度。

1.1.2.2 高压蒸汽灭菌

高压蒸汽灭菌需要特制的灭菌器。通常用蒸汽压力 15~20 lb/in²*，温度可达 121.6~126.6℃，维持 30 min 左右，能杀灭所有的细菌，包括具有顽强抵抗力的细菌芽孢，因此是比较可靠的灭菌方法(表 1-1-1)。更高的压力或更长的时间，并无必要，相反有可能损坏物品的质量，尤其不宜于橡胶制品和锐利器械的灭菌。

表 1-1-1　高压灭菌器内蒸汽压力与温度的比例

蒸汽压力/(lb/in²)	温度/℃	蒸汽压力/(lb/in²)	温度/℃
0	100.0	20	126.6
15	121.6	30	134.4

1.1.2.3 化学药品消毒法

作为灭菌的手段，化学药品消毒法并不理想，其消毒的能力受药物的浓度、温度、作用时间等因素的影响。但化学药品消毒法不需特殊设备，使用方便，尤其对某些不宜用热力灭菌的用品消毒，不失为一个有效的补充手段。器械在浸泡入化学消毒剂之前，应将沾染污物洗净，尤其是油脂覆盖的器械，妨碍化学药品对器械的消毒作用，所以应该提前将油脂仔细擦净。

为了避免化学消毒剂对组织的伤害，消毒后的器械在使用前应该用开水冲洗干净。

常用的化学消毒剂有：LJ-强化戊二醛(加入亚硝酸钠可防锈)、70% 乙醇(不适宜金属器械的消毒)、0.1% 新洁尔灭(加入亚硝酸钠可防锈)、煤酚皂溶液、甲醛溶液等。浸泡金属器械的时间应不小于 30 min，除乙醇、新洁尔灭外，其他消毒剂消毒的器械在使用前应注意用无菌盐水冲洗干净。

1.2　实验动物、实验用动物及其选择

现代生物学实验中，实验动物是指根据实验的需要，有目的、有计划地进行人工饲养、繁殖及科学培养而成的动物，是供科学研究、教学、生产、检测等方面使用的实验对象和材料。实验动物必须具有明确的生物学特性和清楚的遗传背景，并且是在对其身上携带的微生物、寄生虫严格控制下培育和驯化出来的。

实验动物按遗传学分类有：①近交系实验动物，即纯系动物；②封闭群动物；③杂交一代动物(F1 代)。按微生物控制程度分级有：①一级，普通动物；②二级，清洁级动物；③三级，无特定病原体动物，即 SPF 动物；④四级，无菌动物，即 GF 动物。

---

* 1 lb=0.453 592 kg，1 in=25.4 mm。

有时我们也用一些野生动物、家畜、家禽和鱼类进行实验。但由于它们或因遗传背景不清楚，或因其健康状况有差异，对刺激的敏感性不同、机体反应也不一致，造成实验结果重复性较差，实验结果可靠性也相对较差，因此不能被国际认可，它们只能被称为实验用动物。实验用动物不能与实验动物等同，实验动物可包括在实验用动物中，但在不十分严格的情况下，有时这二名词又互相通用。

1.2.1 实验动物的种类和特性

1.2.1.1 蟾蜍和蛙

蟾蜍和蛙属于两栖纲无尾目类变温动物。易于捕捉和饲养，一般是野外捕捉后直接供实验室使用。也可短期饲养于潮湿地方，几天可以不食或喂以草和昆虫等。

因蟾蜍和蛙的一些基本的生命活动与恒温动物相似，而且离体组织器官所需的生活条件比较简单，容易控制和掌握，因此被广泛用于生理学科研和教学。用蟾蜍(蛙)腓肠肌和坐骨神经可观察外周神经及其肌肉的功能，研究兴奋性、兴奋的传导和传递、肌肉的收缩等基本生理现象。蟾蜍(蛙)离体心脏可用于研究心脏的生理功能。利用蟾蜍(蛙)的整体实验可进行脊休克、脊髓反射、反射弧、微循环等研究。蟾蜍还可用于生殖生理、药理学、胚胎发育及免疫学等的研究。

1.2.1.2 兔

兔属于哺乳纲啮齿目兔科。兔品种很多，常用的有：①青紫兰兔，体质强壮，适应性强，易于饲养，生长快；②中国本地兔(白兔)，抵抗力不如青紫兰兔；③新西兰白兔，是近年来引进的大型优良品种，成熟体重可达 4~4.5 kg；④大耳白兔，耳朵长而大，血管清晰，皮肤白色，但抵抗力较差。

兔性情温顺，灌胃、取血方便；由于兔耳缘静脉表浅，易暴露，是静脉给药的最佳部位；兔的减压神经在颈部与迷走神经、交感神经分开而单独成为一束，常用于心血管反射活动、呼吸运动调节、泌尿功能调节的研究；兔的消化管运动活跃、典型，可用于消化管运动及平滑肌特性的研究。兔的大脑皮层运动区机能定位已具有一定的雏形，因此兔也常用于大脑皮层功能定位和去大脑僵直、神经放电活动等实验。此外，兔还用于免疫学、药理学、毒理学、生殖生理学、眼科学和临床疾病的研究。

1.2.1.3 小鼠

小鼠属于哺乳纲啮齿目鼠科。小鼠体型较小，成熟早，繁殖力强，性情温顺，易于捕捉，操作方便。小鼠实验研究资料丰富、参考对比性强；其实验结果的科学性、可靠性和重复性高，被广泛用于各类科研实验中，如用于生理学小脑功能障碍等实验；另外，还应用于药理学、肿瘤学、遗传学、免疫学和临床疾病的实验研究。

1.2.1.4 大鼠

大鼠属于哺乳纲啮齿目鼠科。大鼠性情不如小鼠温顺，它在受惊吓或被捕捉的方法粗暴时，表现凶暴、易咬人。但具有小鼠的其他优点，因此也具有广泛用途。大鼠离体器官可进行大鼠离体静态肺顺应性实验；整体可用于胃酸分泌、胃排空、垂体功能、肾上腺活动的研究。大鼠还用于生殖生理学、胚胎学、营养学、药理学、毒理学、肿瘤学和遗传学的实验研究。大鼠大脑各部的生理功能立体定位已相当成熟和标准化，是研究中枢神经系统的极好材料。

1.2.1.5 豚鼠

豚鼠属于哺乳纲啮齿目豚鼠科，又称荷兰猪。豚鼠耳蜗管发达，听觉灵敏，在生理学上，用于耳蜗微音器电位的实验，也用于临床听力的实验研究。除此之外，还用于离体心脏及肠、子宫平滑肌实验，其乳头肌和心房肌常用于心肌细胞电生理特性及动作电位的实验，也用于传染病、变态反应、维生素 C 缺乏等实验研究。

1.2.1.6 猫

猫属于哺乳纲食肉目猫科。猫的血压较稳定，大脑和小脑均很发达，头盖骨和脑的形状固定，是脑神经生理学较好的实验动物。猫眼能按照光线的强弱变化而灵敏地调节瞳孔大小。同样生理学实验中，用电极探针插入猫大脑各部位的生理学研究现已完全标准化，可以在其清醒状态下研究神经递质等活性物质的释放和条件反射、外周神经与中枢神经的联系。还可做去大脑僵直、交感神经的瞬膜和虹膜反应，以及呼吸、心血管反射的调节实验等。此外，猫也用于药理学和临床疾病的实验研究。

1.2.1.7 犬

犬属于哺乳纲肉食目犬科。犬听觉、嗅觉灵敏，反应敏捷，对外界环境适应能力强，易饲养，可调教，能很好地配合实验研究的需要。犬的血液循环与神经系统发达，内脏构造及其比例与人的相似，是较理想的实验动物。在生理学中，常用于心血管系统、脊髓传导、大脑皮层功能定位、条件反射、内分泌腺摘除和各种消化系统功能的实验研究。犬还用于药理学、毒理学、行为学、肿瘤学、核医学以及临床某些疾病的研究。犬更适合应用于实验外科学的研究，是临床探索新手术方法和观察手术疗效的首选实验动物。

1.2.1.8 山羊

山羊属于哺乳纲偶蹄目牛科羊亚科。喜粗食，易饲养，性格温顺，具有复胃，颈静脉表浅。多用于采血、心电图、复胃消化生理及其微生物的观察等。

1.2.1.9 猪

猪属于哺乳纲偶蹄目猪科。数量多，易饲养，嗅觉灵敏，对外界环境适应能力强，常用于巴氏小胃、血液循环系统及病理、药理实验。

猪在解剖学、生理学、疾病发生机制等方面与人极为相似，因此在生理科学领域中的应用率越来越高。作为实验用的小型猪、微型猪是发展的方向，我国已培养出若干种小型和微型猪品系。由于长期小群体内近亲繁育，因此基因纯合度相对较高，遗传稳定性高，实验重复性好，性情温顺。

1.2.1.10 鸡

鸡属于鸟纲鸟形目。鸡的品种很多，飞翔能力已退化，习惯于四处觅食，食性广。鸡听觉敏锐，白天视力敏锐，易受惊扰。鸡食管中部有扩张而成的嗉囊；鸡肺为海绵状紧贴于肋骨上，肺上有 9 个气囊；无肺胸膜及横膈膜；鸡无膀胱，尿少，由泄殖腔随粪便排出；尿呈白色，为尿酸或尿酸盐，呈磷稀粥样附在粪的表面；鸡的凝血机制好，红细胞有核，故为血液指标测定及血细胞观察等实验项目的极好材料。

1.2.1.11 鸽

鸽属于鸟纲鸽形目。在形态解剖上与鸡大致相同。鸽的听觉和视觉特别发达，姿势平衡、反应灵敏，生理学上常用来观察迷路与姿势的关系；鸽大脑皮层不发达，纹状体是中枢神经系统的高级部位，因此单切大脑皮层影响不大，若切除其大脑半球则不能正常生活；鸽具有良好的记忆、敏锐的视觉和稳定的行为，是行为学研究的常用模型。

1.2.1.12　黄鳝

黄鳝属于鱼纲合鳃目黄鳝科。肉食性，能借助于口、咽腔内壁表皮直接呼吸空气，耐低氧。体长、圆筒形，背、臀鳍退化，无胸、腹鳍，实验时易固定。黄鳝心脏由一心房、一心室组成，动脉球和腹主动脉结构简单突出，容易进行心脏插管，因此被开发为研究鱼类心脏活动的实验用动物。

1.2.1.13　乌鳢

乌鳢属于鱼纲鳢形目鳢科。肉食性，适应性强，能依靠辅助呼吸器官直接呼吸空气，耐低氧。乌鳢有发达的胃，胃肠肌肉壁厚，有较明显的紧张性收缩和分节运动，在水温较高和摄食季节也能看到胃的蠕动。乌鳢的迷走神经发达，容易分离，但左右迷走神经对胃肠活动产生的效果不同。因此，乌鳢被开发为研究鱼类消化管运动和神经调节的实验用动物。

1.2.2　实验动物的选择

生理学实验中做好动物的选择和准备关系到实验的成败。除了按照不同实验的特殊要求选择相应的种属、品种、品系和微生物学背景外，对个体的选择首先要挑选健康的动物；其次，应根实验内容和要求，结合动物解剖生理特点挑选。有时为充分利用动物，节省时间和经费，在不影响实验结果的情况下，可利用同一动物完成不同的实验内容。此外，在动物饲养时还应对饲料加以控制，包括营养素要求及搭配、合理加工、无发霉变质等；设备标准化，如饲养环境的温度、相对湿度、光照、空气清洁度、噪声控制等也应做进一步了解和管理。

在进行慢性动物实验时，常选择年轻健康的动物。在手术前数周内训练动物，使其熟悉实验环境。实验前 12 h 停止喂食物，但需喂水。实验时应实行无菌操作，实验后需精心护理和喂养。

1.3　实验动物的编号、捉拿、固定方法

1.3.1　动物编号方法

大动物多用挂牌法或用铝环固定在耳朵上，牌或环上有编号；羊或猪多用耳缺法，原则是左个右十、上三下一（图 1-3-1）。例如，右耳下边有两个缺口，左耳上方有两个缺口下方有一个缺口，则编号为 27 号。

小动物可用苦味酸或硝酸银涂于体表不同部位（图 1-3-2）。原则是：先左后右，从前到后。用单一颜色可标记 1~10 号，若用两种颜色配合使用，其中一种颜色表示个位数，另一种表示十位数，可编到 99 号。

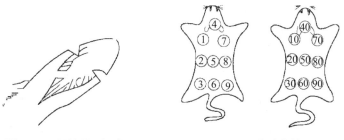

图 1-3-1　耳缺号(左耳)　　　　图 1-3-2　小动物编号

鱼类的编号目前尚无统一的标准,一般通过鳍条剪缺口表示,具体的含义可由术者自行确定。也有用专门的仪器将带有数字的钢丝打入鱼的顶盖骨,捕捞后在显微镜下鉴定。

1.3.2　动物捉拿和固定方法

在实验过程中,为了手术操作方便,顺利进行实验项目的观察记录,必须将动物麻醉和固定在特制的实验台上(图 1-3-3)。固定动物的方法一般多采用仰卧位,它适用于做颈、胸、腹、股等部位的实验;俯卧位适用于做脑和脊髓部位的实验。

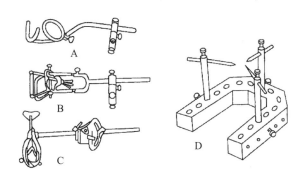

图 1-3-3　动物头部固定夹
A. 兔用;B. 猫用;C. 犬用;D. 马蹄形头位固定器

1.3.2.1　犬的捆绑与固定

至少由 2~3 人进行。捆绑前实验者应先对其轻柔抚摸,避免使其惊恐或激怒;用一条粗棉绳兜住上、下颌,在上颌处打一结(勿太紧),再绕回下颌打第 2 个结,然后将绳引向头后部,在颈项上打第 3 个结且在其上打一活结(图 1-3-4)。切记在兜绳时,要注意观察犬的动向,以防被其咬伤。如犬不能合作,须用长柄犬头钳夹持其颈部,并按倒在地,以限制其头部活动,再按上述方法捆绑其嘴。捆嘴后使其侧卧,一人固定其肢体,另一人注射麻醉药。此时,应注意犬可能出现挣扎,甚至大小便俱下,以及由于这种捆绑动作往往致使犬呼吸急促,甚至屏气等问题。待动物进入麻醉状态后,立即松绑,以防窒息。

将麻醉好的犬仰卧置于实验台上,用特制的犬头夹固定犬头。固定前将犬舌拽出口外,避免堵塞气道。将犬嘴伸入铁圈,再将直铁杆插入上、下颌之间,再下旋铁杆,使弯形铁条紧压犬的下颌(仰卧固定)或压在鼻梁上(俯卧固定)。再将犬头夹固定在手术台上。固定好犬头后,取绳索用其一端分别绑在前肢的腕关节上部和后肢的踝关节上部,绳索的

图 1-3-4　犬嘴的固定

另一端分别固定在实验台同侧的固定钩上。固定两前肢时，也可将两根绳索交叉从犬的背后穿过并将对侧前肢压在绳索下，分别绑在实验台两侧的固定钩上。若采取俯卧位固定时，绑前肢的绳索可不交叉，直接绑在同侧的固定钩上。

1.3.2.2　猫

捉持猫时应戴手套，防止被其抓伤(图 1-3-5)。先将猫关入特制的玻璃容器中，投入乙醚棉团对其进行快速麻醉，然后趁其未醒立即固定在猫袋或实验台上。

1.3.2.3　兔

捉持兔时只需实验者和助手将其抓牢或按住即可。正确捉持方法为：一手抓住兔颈背部皮肤，轻轻提起，另一手托住其臀部，使其呈坐位姿势(图 1-3-6)。

图 1-3-5　猫的固定

图 1-3-6　兔子的捉拿方法和台式固定

兔可固定在兔盒或兔台上(图 1-3-7)，在手术台上用兔头夹固定头部，把嘴套入铁圈内，调整铁圈至最适位置然后将兔头夹的铁柄固定在手术台上。或用一根较粗棉线绳一端打个活结套住兔的两只上门齿，另一端拴在实验台前端的铁柱上。做颈部手术时，可将一粗注射器筒垫于动物的颈下，以抬高颈部，便于操作。兔的四肢固定和犬相同。

1.3.2.4　小鼠、大鼠

实验者右手捉住小鼠尾，鼠会本能地向前爬行。左手攥紧鼠颈背部皮肤，使其腹部向上，拉直躯干，并以左手小指和掌部夹住其尾固定在左手上（图 1-3-8）。可做腹腔注射。也可用金属筒、有机玻璃筒或铁丝笼式固定器固定，露出尾部，做尾静脉注射。

捉持大鼠的方法基本同小鼠。大鼠在惊恐或激怒时会咬人，捉拿时可戴防护手套，或用厚布盖住鼠身作防护，

图 1-3-7　兔的固定和耳缘静脉注射法

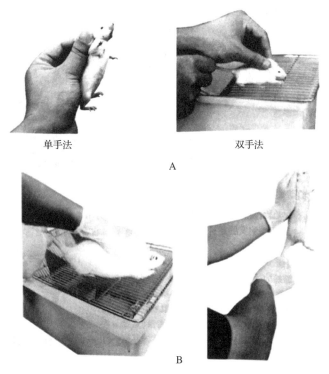

单手法　　　　双手法

A

B

图 1-3-8　小鼠和大鼠的固定

A. 小鼠捉拿方法；B. 大鼠捉拿方法

握住整个身体，并固定头骨，防止被咬伤。动作应轻柔，切忌粗暴，也可用钳子夹持。最后再根据需要，将大鼠置于固定笼内或捆绑四肢。

1.3.2.5　豚鼠

右手横握豚鼠腹前部，左手轻托后肢（图 1-3-9）。

1.3.2.6　蛙

实验者一手拇指、食指和中指控制蛙两前肢，环指和小指压住两后肢（图 1-3-10）；或以左手拇指压住脊柱，食指下压蛙的上颌，中指夹住，环指和小拇指夹住后肢。

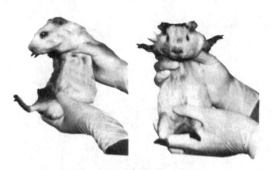

图 1-3-9　豚鼠的捉拿方法

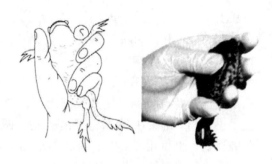

图 1-3-10　蛙的捉拿方法

1.3.2.7　鱼类的保存、运输和固定

实验鱼的保存最基本的要求是要有适宜的水源，包括合适的化学成分和水温。保存鱼的水温最好接近鱼所处的自然环境，避免温度剧烈变动。从外地运输来的鱼，在入池之前，应使其有一段水温适应过程，逐渐使其达到池中的水温。活动性强的鱼类以放在圆形容器或池中为宜，以让它们能持续游动而不被碰伤。实验水槽或水族箱应有循环流水和过滤净化装置，小水族箱可用活性炭或玻璃纤维过滤，每周至少将全部水更换一次。更换的水最好通过紫外线杀菌以减少微生物感染的可能性。输送的水管最好是玻璃或塑料管，不应用铜或铁管。

实验鱼在养育期间，应投以适量的饵料，最好选用商品颗粒饵料。为了防病，可用稀释的高锰酸钾溶液、孔雀石绿液、福尔马林或高浓度的食盐水浸泡实验鱼，也可在饵料中加入少量的抗生素。

实验鱼的运输通常用木桶、塑料桶或塑料袋进行。运输时用低温水(加冰)、充氧，必要时可加入少量麻醉剂，可大大减少鱼的死亡率。操作鱼时戴上手套可以减轻鱼的损伤。

一般鱼类的固定应注意以下几点：首先给鱼以肌松剂，然后固定在特制的手术台上，固定用的手术台可以有不同的形状，根据实验要求自制。安好流水呼吸装置(图 1-3-11)。

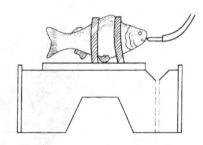

图 1-3-11　鱼的固定图

而对于黄鳝的固定，在固定前，先破坏其脊髓。用粗剪刀尖在枕骨后缘剪断脊柱和肌肉，用一细钢丝插进椎管。若已插入椎管，会有阻力感，不断前后抽动钢丝，凡钢丝通过之处，黄鳝腹壁肌肉松弛。约破坏到躯体中央时，抽出钢丝。将黄鳝腹面向上，用钉子分别将黄鳝吻和尾部固定于手术板(木板条)上。

1.4　实验动物的给药方法

1.4.1　经口给药法

1.4.1.1　口服法

口服法是将能溶于水并且在水溶液中较稳定的药物放入动物饮水中，不溶于水的药物混于动物饲料内，由动物自行摄入。该方法技术简单，给药时动物接近自然状态，不会引起动物应激反应，适用于多数动物慢性药物干预实验，如抗高血压药物的药效、药物毒性测试等。其缺点是动物饮水和进食过程中，总有部分药物损失，药物摄入量计算不准确，而动物本身状态、饮水量和摄食不同，药物摄入量不易保证，影响药物作用分析的准确性。

1.4.1.2 灌服法

灌服法是将动物适当固定，强迫动物摄入药物。这种方法能准确把握给药时间和剂量，及时观察动物的反应，适合于急性和慢性动物实验，但经常强制性操作易引起动物不良生理反应，甚至操作不当引起动物死亡，故应熟练掌握该项技术。强制性给药方法主要有以下两种：

①固体药物口服：一人操作时用左手从背部抓住动物头部，同时以拇指、食指压迫动物口角使其张口，右手用镊子夹住药片放于动物舌根部位，然后让动物闭口吞咽药物。

②液体药物灌服：小鼠和大鼠一般由一人操作，左手捏持小鼠头、颈、背部皮肤，或握住大鼠以固定动物，使动物腹部朝向术者，右手将连接注射器的硬质胃管由口角处插入口腔，用胃管将动物头部稍向背侧压迫，使口腔与食管成一直线，将胃管沿上颚壁轻轻插入食管，小鼠一般用 3 cm 的胃管，大鼠一般用 5 cm 的胃管(图 1-4-1)。插管时应注意动物反应，如插入顺利，动物安静，呼吸正常，可注入药物；如动物剧烈挣扎或插入有阻力，应拔出胃管重插；如将药物灌入气管，可致动物立即死亡。

给兔灌服时宜用兔固定箱或由两人操作。助手取坐位，用两腿夹住动物腰腹部，左手抓兔双耳，右手握持前肢，以固定动物，术者将木制开口器横插入兔口内并压住舌头，将胃管经开口器中央小孔沿上颚壁插入食管约 15 cm，将胃管外口置一杯水中，看是否有气泡冒出，检测是否插入气管，确定胃管不在气管后，即可注入药物(图 1-4-2)。

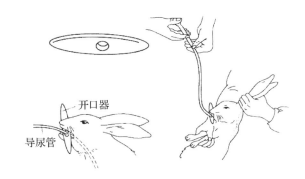

开口器

导尿管

图 1-4-1 小鼠灌胃　　　　　　**图 1-4-2 兔灌胃**

1.4.2 注射给药

1.4.2.1 淋巴囊注射

蛙和蟾蜍皮下有多个淋巴囊，注射药物易于吸收，适合于该类动物全身给药。常用注射部位为胸、腹和股淋巴囊。为防止注入药物自针眼处漏出，胸淋巴囊注射时应将针头刺入口腔，由口腔组织穿刺到胸部皮下，注入药物。股淋巴囊注射时应由小腿刺入，经膝关节

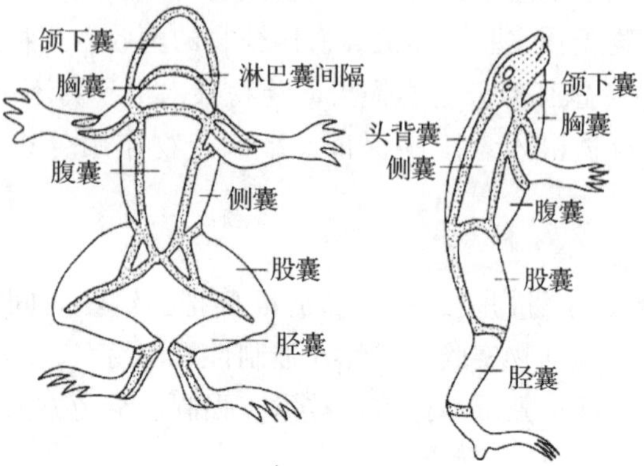

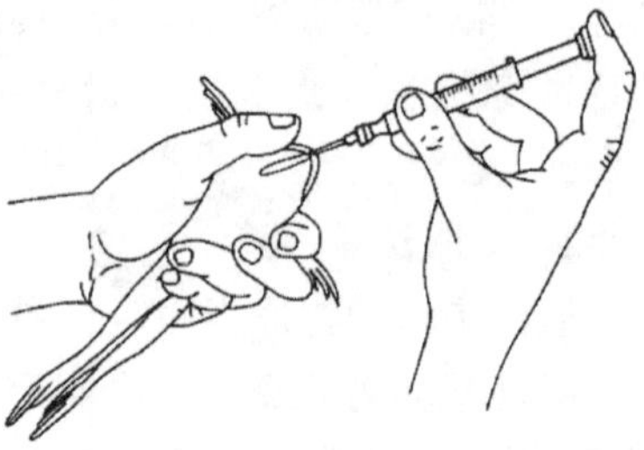

领下囊
胸囊
淋巴囊间隔
腹囊
侧囊
股囊
胫囊

颌下囊
胸囊
头背囊
侧囊
腹囊
股囊
胫囊

A

B

图 1-4-3 蛙淋巴囊注射

A. 蛙的皮下淋巴囊；B. 蛙的胸淋巴囊注射

穿刺到股部皮下，注射药液量一般为 0.25~0.5 mL（图 1-4-3）。

1.4.2.2 皮下注射

皮下注射是将药物注射于皮肤与肌肉之间，适合于所有哺乳动物。实验动物皮下注射一般应由两人操作，熟练者也可一人完成。由助手将动物固定，术者用左手捏起皮肤，形成皮肤皱褶，右手持注射器刺入皱褶皮下，将针头轻轻左右摆

图 1-4-4 小鼠的皮下注射法

动，如摆动容易，表示已刺入皮下，再轻轻抽吸注射器，确定没有刺入血管后，将药物注入（图 1-4-4）。拔出针头后应轻轻按压针刺部位，以防药液漏出，并可促进药物吸收。鸽、禽类常选用翼下注射。

1.4.2.3 肌内注射

肌肉血管丰富，药物吸收速度快，故肌内注射适合于几乎所有水溶性和脂溶性药物，特别适合于犬、猫、兔等肌肉发达的动物。而小鼠、大鼠和豚鼠因肌肉较少，肌内注射稍有困难，必要时可选用股部肌肉。鸟类选用胸肌或腓肠肌。肌内注射一般由两人操作，小动物也可由一人完成。助手固定动物，术者用左手指轻压注射部位，右手持注射器刺入肌肉，回抽针栓，如无回血，表明未刺入血管，将药物注入，然后拔出针头，轻轻按摩注射部位，以助药物吸收。

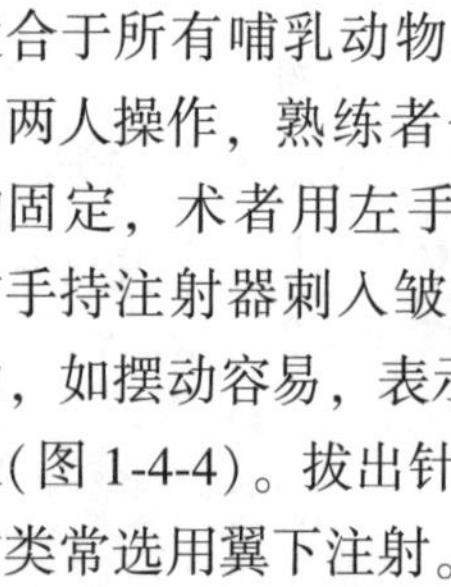

1.4.2.4 腹腔注射

腹腔吸收面积大，药物吸收速度快，故腹腔注射适合于刺激性小的水溶性药物的用药，并且是啮齿动物常用给药途径之一（图 1-4-5）。腹腔注射穿刺部位，一般选在下腹部正中线两侧，该部位无重要器官。腹腔注射可由两人完成，熟练者也可一人完成。助手固定动物，并使其腹部向上，术者将注射器针头在选定部位刺入皮下，然后使针头与皮肤呈 45° 角缓慢刺入

图 1-4-5 小鼠的腹腔注射

腹腔，如针头与腹内小肠接触，一般小肠会自动移开，故腹腔注射较为安全。刺入腹腔时，术者可有阻力突然减小的感觉，再回抽针栓，确定针头未刺入小肠、膀胱或血管后，缓慢注入药液。

1.4.2.5　静脉注射

静脉注射将药物直接注入血液，无须经过吸收阶段，药物作用最快，是急、慢性动物实验最常用的给药方法。静脉注射给药时，不同种类的动物由于其解剖结构的不同，应选择不同的静脉血管。

①兔耳缘静脉注射：将兔置于兔固定箱内，没有兔固定箱时可由助手将兔固定在实验台上，并特别注意兔头不能随意活动。剪除兔耳外侧缘被毛，用乙醇轻轻擦拭或轻揉局部耳缘，使耳缘静脉充分扩张。用左手拇指和中指捏住兔耳尖端，食指垫在兔耳注射处的下

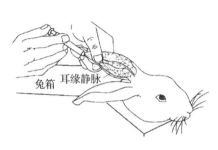

方(或以食指、中指夹住耳根，拇指和环指捏住耳的尖端)，右手持注射器由近耳尖处将针(6 号或 7 号针头)刺入血管(图 1-3-7、图 1-4-6)。再顺血管腔向心脏端刺进约 1 cm，回抽针栓，如有血表示已刺入静脉，然后由左手拇指、食指和中指将针头和兔耳固定好。右手缓慢推注药物入血液。如感觉推注阻力很大，并且局部肿胀，表示针头已滑出血管，应重新穿刺。注意兔耳缘静脉穿刺时应尽可能从远心端开始，以便失败后再次注射。

图 1-4-6　兔耳缘静脉注射示意图

②小鼠与大鼠尾静脉注射：小鼠尾部有 3 根静脉，两侧和背部各 1 根，两侧的尾静脉更适合于静脉注射。注射时先将小鼠置于鼠固定筒内或扣在烧杯中，让尾部露出，用乙醇或二甲苯反复擦拭尾部或浸于 40~50℃ 的温水中加热 1 min，使尾静脉充分扩张。术者用左手拉尾尖，右手持注射器(以 4 号针头为宜)将针头刺入尾静脉，然后左手捏住鼠尾和针头，右手注入药物(图 1-4-7)。如推注阻力很大，局部皮肤变白，表示针头未刺入血管或滑脱，应重新穿刺，注射药液量以 0.15 mL/只为宜。幼年大鼠也可做尾静脉注射，方法与小鼠相同，但成年大鼠尾静脉穿刺困难，不宜采用尾静脉注射。

③犬肢体静脉注射：犬前肢小腿前内侧有较粗的头静脉和后肢外侧小隐静脉，是犬静脉注射较方便的部位。注射时先剪去该部位被毛，以乙醇消毒。用压脉带绑扎肢体根部，或由助手握紧该部位，使头静脉充分扩张。术者左手抓住肢体末端，右手持注射器刺入静脉，此时可见明显回血，然后放开压脉带，左手固定针头，右手缓慢注入药物(图 1-4-8)。

④家禽静脉注射：家禽可选择翼下肢静脉或蹼间静脉(图 1-4-9)进行注射给药，方法与其他动物相同。

⑤鱼类：可采取血管插管法给药或于胸鳍下无鳞区将药注入体腔，或于背鳍基部下方柔软处进行肌内注射。

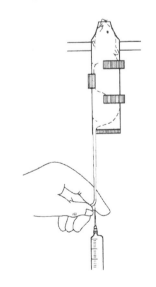

图 1-4-7　小鼠的尾静脉注射法

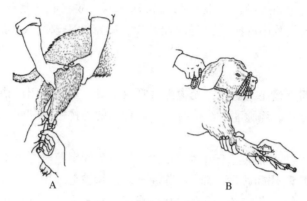

图 1-4-8　犬的静脉注射

A. 犬后肢外侧小隐静脉注射法；B. 犬前肢背侧皮下头静脉注射法

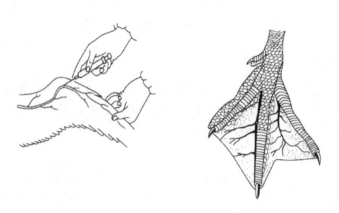

图 1-4-9　鸟类的静脉注射

1.5　动物的麻醉

在急、慢性动物实验中，手术前均应将动物麻醉，以减轻或消除动物的痛苦，保持安静状态，从而保证实验顺利进行。由于麻醉药品的作用特点不同，动物的药物耐受性有种属或个体间差异及实验内容和要求不同，因此正确选择麻醉药品的种类、用药剂量及给药途径十分重要。理想的麻醉药品应当是对动物麻醉完全，其毒性和对生理功能干扰最小，使用方便。

1.5.1　麻醉前的准备工作

①熟悉麻醉药品的特点，根据实验内容合理选用麻醉药。例如，乌拉坦对兔和猫的麻醉效果好，较稳定，不影响动物的循环及呼吸功能。氯醛糖很少抑制神经系统的活动，适用于保留生理反射的实验。乙醚对心肌功能有直接抑制作用，但兴奋交感-肾上腺系统，全身浅麻醉时，可增加心输出量 20%。硫喷妥钠对交感神经抑制作用明显，因副交感神经功能相对增强而诱发喉痉挛。

②麻醉前应核对药物名称，检查药品有无变质或过期失效。

③犬、猫等手术前应禁食 12 h，以减轻呕吐反应。

④需在全麻下进行手术的慢性实验动物，可适当给予麻醉辅助药。例如，皮下注射盐酸吗啡注射液(或阿司匹林)镇静止痛，注射阿托品减少呼吸道分泌物的产生等。

1.5.2 全身麻醉

1.5.2.1 吸入麻醉

挥发性麻醉药经面罩或气管插管进行开放式吸入麻醉。常用的吸入麻醉剂是乙醚。乙醚为无色易挥发的液体，有特殊的刺激性气味，易燃易爆，应用时应远离火源。乙醚可用于多种动物的麻醉，麻醉时对动物的呼吸、血压无明显影响，麻醉速度快，维持时间短，更适合于时间短的手术和实验，如去大脑僵直、小脑损毁实验等，也可用于凶猛动物的诱导麻醉。

给犬吸入乙醚麻醉时可用特制的铁丝犬嘴套套住犬嘴，由助手将犬固定于手术台上，术者用 2~3 层纱布覆盖犬嘴套，然后将乙醚不断滴于纱布上，使犬吸入乙醚。犬吸入乙醚后，往往由于中枢抑制解除而首先有一个兴奋期，动物挣扎，呼吸快而不规则，甚至出现呼吸暂停，如呼吸暂停应将纱布取下，等动物呼吸恢复后再继续吸入乙醚，然后动物逐渐进入外科麻醉期，呼吸逐渐平稳均匀，角膜反射消失或极其迟钝，对疼痛反应消失，即可进行手术。

麻醉猫、大鼠、小鼠时可将动物置于适当大小的玻璃罩中，再将浸有乙醚的棉球或纱布放入罩内，并密切注意动物反应，特别是呼吸变化，直到动物麻醉。给兔麻醉时，可将浸有乙醚的棉球置于一个大烧杯中，术者左手持烧杯，右手抓兔双耳，使其口鼻伸入烧杯内吸入乙醚，直到动物麻醉。

乙醚麻醉注意事项：①乙醚吸入麻醉中常刺激呼吸道黏膜而产生大量分泌物，易造成呼吸道阻塞，可在麻醉前 0.5 h 皮下注射阿托品(0.1 mL/kg)，以减少呼吸道黏膜分泌物；②乙醚吸入过程中动物挣扎，呼吸变化较大，乙醚吸入量及速度不易掌握，应密切注意动物反应，以防吸入过多、麻醉过度而使动物死亡。

1.5.2.2 注射麻醉

常用乌拉坦、戊巴比妥钠及氯醛糖等。主要给药途径有以下几种：①静脉注射；②腹腔注射；③肌内注射；④皮下注射；⑤皮下淋巴囊注射。

1.5.3 局部麻醉

局部麻醉药物可逆地阻断神经纤维传导冲动产生局部麻醉作用。进行局部麻醉时，药物接近神经纤维的方式主要有两种：①用作表面麻醉时，药物通过点眼、喷雾或涂布作用于黏膜表面，转而透过黏膜接触黏膜下神经末梢而发挥作用。该药物除具有麻醉作用外，还有较强的穿透力，如可卡因、利多卡因。②用作浸润麻醉时，用注射的方法将药物送到神经纤维旁。此类药物只需有局部麻醉作用，不一定要求有强大的穿透力，如普鲁卡因(对氨苯甲酸酯)、可卡因、利多卡因(其效力是普鲁卡因的 2 倍)。用作局部麻醉的药物质量浓度一般为 1%~2%，通常用 0.5%~1%。

另外，河豚毒是一种剧毒物质，一般仅用 1 ng 即可阻断 Na^+ 通道，起到阻滞神经传导的作用。箭毒、加拉碘铵、妥开利、静松灵、846等能阻断神经-肌肉接头的传递作用，在手术中用作肌松剂。

1.5.4　麻醉效果的观察

动物的麻醉效果直接影响实验的进行和实验结果。如果麻醉过浅，动物会因疼痛而挣扎，甚至出现兴奋状态、呼吸和心跳不规则，影响观察。麻醉过深，可使机体的反应性降低，甚至消失，更为严重的是抑制延髓的心血管活动中枢和呼吸中枢，导致动物死亡。因此，在麻醉过程中必须善于判断麻醉程度，观察麻醉效果。判断麻醉程度的指标有以下4项：

1.5.4.1　呼吸

动物呼吸加快或不规则，说明麻醉过浅，若呼吸由不规则转变为规则且平稳，说明已达到深度麻醉；若动物呼吸变慢，且以腹式呼吸为主，说明麻醉过深动物有生命危险。

1.5.4.2　反射活动

主要观察角膜反射或睫毛反射，若动物的角膜反射灵敏，说明麻醉过浅；若角膜反射迟钝，麻醉程度合适；角膜反射消失，伴瞳孔散大，则麻醉过深。

1.5.4.3　肌张力

动物肌张力亢进，一般说明麻醉过浅；全身肌肉松弛，麻醉程度合适。

1.5.4.4　皮肤夹捏反应

麻醉过程中可随时用止血钳或有齿镊夹捏动物皮肤，若反应灵敏，则麻醉过浅；若反应消失，则麻醉程度合适。

总之，观察麻醉效果要仔细，上述4项指标要综合考虑，最佳麻醉深度的特征是：动物卧倒，四肢及腹部肌肉松弛、呼吸深慢而平稳、皮肤夹掐反射消失、角膜反射明显迟钝或消失并且瞳孔缩小。在静脉注射麻醉时还要边注入药物边观察，只有这样，才能获得理想的麻醉效果。

1.5.5　麻醉注意事项

①麻醉前应正确选用麻醉药品、用药剂量及给药途径。

②进行静脉麻醉时，先将总用药量的1/3快速注入，使动物迅速度过兴奋期，余下的2/3则应缓慢注射，并密切观察动物麻醉状态及反应，以便准确判断麻醉深度。

③如麻醉较浅，动物出现挣扎或呼吸急促等，需补充麻醉药以维持适当的麻醉。一次补充药量不宜超过原总用药量的1/5。

④麻醉过程中，应随时保持呼吸道通畅，并注意保温。

⑤在手术操作复杂、创伤大、实验时间较长或麻醉深度不理想等情况下，可配合局部浸润麻醉或基础麻醉。阿片类麻醉药抑制呼吸中枢和心血管中枢的活动，增高颅内压，减少胰液和胆汁的分泌，还有抗利尿作用，不宜用于呼吸、循环、消化及肾等实验。但因阿片类麻醉药具有很好的止痛及镇静作用，有时用作基础麻醉。

⑥实验中注意液体的输入量及排出量，维持体液平衡，防止酸中毒及肺水肿的发生。

1.6 实验动物的采(取)血与处死方法

1.6.1 实验动物的采(取)血方法

血液常被比喻为观察内环境的窗口，在需要检测内环境变化的生理实验中常需要采(取)血液样本。因实验动物解剖结构和体型大小差异，以及所需血量的不同，取血方法不尽相同。

1.6.1.1 兔

①耳中央动脉取血：乙醇涂擦耳中央动脉部位，使其充分扩张，用注射器刺入耳中央动脉抽取动脉血样，一次性取血时也可用刀片切一小口，让血液自然流出，收取血样；取血后用棉球压迫局部，予以止血。

②股动脉取血：将兔仰卧位固定。术者左手以动脉搏动为标志，确定穿刺部位，右手将注射器针头刺入股动脉，如流出血为鲜红色，表示穿刺成功，应迅速抽血，拔出针头，压迫止血。

③耳缘静脉取血：耳缘静脉可供取少量静脉血样，方法与前述耳缘静脉注射给药相似。

④心脏穿刺取血：将兔仰卧固定，剪去心前区被毛，用碘酒消毒皮肤。术者用装有 7 号针头的注射器，在胸骨左缘第 3 肋间或在心跳搏动最显著部位刺入心脏，刺入心脏后血液一般可自动流入注射器，或者边刺入边抽吸，直至抽出血液，抽血后迅速拔出针头。心脏取血可获得较大量的血样。

[注]如需要抗凝血样时，应事先在注射器或毛细管内加入适量抗凝剂，如柠檬酸钠或肝素，将它们均匀浸润注射器或毛细管内壁，然后烘干备用。

1.6.1.2 大鼠和小鼠

①断尾取血：固定动物，露出尾部，用二甲苯擦拭尾部皮肤或将鼠尾浸于 45~50℃ 的热水中数分钟，使其血管充分扩张，然后擦干，剪去尾尖数毫米，让血自行流出，也可从尾根向尾尖轻轻挤压，促进血液流出，同时收集血样，取血后用棉球压迫止血。该方法取血量较少(图 1-6-1)。

②眼球后静脉丛取血：术者用左手抓持动物，拇指、中指从背侧稍用力捏住头颈部皮肤，阻断静脉回流，食指压迫动物头部以固定，右手将一特制的毛细吸管(45°)自内眦部(眼睑和眼球之间)插入，并沿眼眶壁向眼底方向旋转插进，直至有静脉血自动流入毛细吸管。取到需要的血样后，拔出吸管(图 1-6-2)。

图 1-6-1 切破静脉取血法　　　**图 1-6-2 眼眶后静脉丛取血**

③心脏取血：适用于取血量较大时，方法与兔心脏取血相同，但所用针头可稍短。

1.6.1.3　犬

一般采用前肢头静脉取血，方法同静脉注射给药。

1.6.1.4　家禽

可采用切断颈总动脉和颈静脉一次性取血，或从翼根静脉、蹼间静脉取血。

1.6.1.5　鱼类取血

①断尾取血：将鱼身体表面的水揩干，并用抹布包裹露出尾柄，于臀鳍后尾柄中央用粗剪刀将尾柄剪断，将血接入表面皿内。取血时要防止将鱼捏得过紧，阻碍血液的流动，必要时可对鱼体进行按摩促进血液流动。此法取血有时可能会混入组织液，影响血液的质量。

②尾部血管取血：将鱼用湿布包住，侧卧于木板上，在鱼尾部（腹鳍和尾鳍之间）侧线下方去除少许鳞片，将注射器在侧线下方 $1\sim2$ cm 处垂直插入肌肉，碰到脊椎骨后，稍往下方移动，插入尾静脉内，轻轻抽取注射器，让血在负压作用下自然流入注射器内。

另一种对小型鱼尾部采血的方法是在臀鳍后方将注射器垂直插入尾柄，当感觉到针头碰及脊椎时，将注射器稍向后退，并抽吸注射器，会有血液进入注射器。若插入鱼的尾动脉，则获得鲜红的动脉血，若插入尾静脉则获得暗红的静脉血。

湿布包鱼时仅将身体部位包住，不要包到腮，以免影响鱼呼吸；如一时抽不出血可轻轻转动注射器，直至血被抽出为止。

③腮动脉取血：对于腮腔较大的鱼类，可进行腮动脉取血。将腮盖打开，用玻璃棒或钝性棒压迫腮动脉的远心端，使腮动脉怒张（靠近颅腔侧，也可不进行此步），将注射器刺入腮动脉缓慢抽取，可得到约 10 mL 的血液。

④血管插管取血：插管方法详见 1.7.4，此方法可在慢性实验中反复取血。

1.6.2　实验动物的处死方法

1.6.2.1　颈椎脱臼法

颈椎脱臼法常用于小鼠，术者左手持镊子或用拇指、食指固定小鼠头后部，右手捏住鼠尾，用力向后上方牵拉，听到鼠颈部喀嚓声即颈椎脱位、脊髓断裂，小鼠瞬间死亡。

1.6.2.2　断头、毁脑法

断头、毁脑法常用于蛙类。可用剪刀剪去头部，或用金属探针经枕骨大孔破坏脑和脊髓而致死。小鼠和大鼠也可用断头法处死，术者需戴手套，两手分别抓住鼠头与鼠身，拉紧并暴露颈部，助手持剪刀，从颈部剪断鼠头。

1.6.2.3　空气栓塞法

术者用 $50\sim100$ mL 注射器，向静脉血管迅速注入空气，气体栓塞血管而使动物死亡。使猫与兔致死的空气量为 $10\sim20$ mL，犬为 $70\sim150$ mL。

1.6.2.4　放血法

①鼠：可用摘除眼球，从眼眶动静脉大量放血而致死。

②兔和猫：可在麻醉状态下切开颈部，分离出颈总动脉，用止血钳或动脉夹夹闭两端，在其中间剪断血管后，缓慢打开止血钳或动脉夹，轻压胸部可迅速放出大量血液，动

物立即死亡。

③犬：在麻醉状态下，可横向切开股三角区，切断股动静脉，血液喷出，同时用自来水冲洗出血部位，防止血液凝固，几分钟后动物死亡。

1.7　组织分离和插管术

1.7.1　被毛去除

在动物手术前，应将手术部位的被毛去除，以利于手术进行。根据不同实验需要可采用不同的被毛去除方法。

1.7.1.1　剪毛法

剪毛法是生理学教学实验中常用的方法，适合于急性实验。用弯头剪或粗剪刀，剪毛范围需大于切口的长度。剪毛时需用一手将皮肤绷平，另一手持剪刀贴于皮肤，逆着毛的方向剪毛。剪下的毛应立即浸泡入水中，以免到处飞扬。

1.7.1.2　拔毛法

大、小鼠皮下注射或兔耳缘静脉注射取血时常用拔毛法。操作时，将动物固定后，用拇指、食指将所需部位被毛拔除，涂上一层凡士林，可更清楚地显示出血管。

1.7.1.3　剃毛法

大动物慢性手术时采用剃毛法。先用刷子蘸温肥皂水将需去毛的被毛充分浸润，然后用剃毛刀顺被毛进行剃毛。若采用电动剃刀，则逆被毛方向剃毛。

1.7.1.4　脱毛法

脱毛法是指采用化学脱毛剂将动物的被毛脱去。此方法常用于大动物做无菌手术，观察动物局部血液循环及其他各种病理变化。将动物需脱毛部位的被毛先用剪刀尽量剪短，用棉球蘸脱毛剂在脱毛部位涂成薄层，经2~3 min后，用温水洗去脱毛部位脱下的毛，再用干纱布将水擦干，涂上一层油脂(脱毛剂的配制见附录1)。

1.7.2　切口和止血

1.7.2.1　切口

根据实验目的、要求确定手术切口的部位和大小，如肠切除取腹正中切口，肾切除取左背部切口，必要时做出标志。进行切口时，用拇指和食指向两侧绷紧皮肤使其固定。另一手持刀，使刀刃与欲切开的组织垂直，以适当的力度一次切开皮肤和皮下组织为佳。

组织要逐层切开，并以按皮肤纹理或各组织的纤维方向切开为佳。组织的切口处应选择无重要血管及神经横贯的地方，以免将其损伤。用几把皮钳夹住皮肤切口边缘暴露手术视野，以利进一步分离、结扎、插管等操作。

1.7.2.2　止血

手术过程中所造成的出血必须及时止住。完善的止血不仅可以防止继续失血，还可以使手术视野清楚地显露，有利于手术的顺利进行。止血的方法有：

①钳夹止血法：此法用于出血点明确的血管出血，使用时只需将止血钳钳住出血点即

可，小血管出血钳住一会儿松开后可不再出血，大的血管出血，应钳住后再用结扎法止血。

②压迫止血法：此法用于小血管的大面积渗血。使用时将灭菌纱布或棉球用温热生理盐水打湿拧干后按压在出血部位片刻或用明胶海绵覆盖即可。干纱布只用来吸血或压迫止血，不能用来揩擦组织，以免损伤组织和使刚形成的凝血块脱落。

③烧灼止血法：用专用电刀直接灼烧出血点即可。此法常用于渗血和小血管出血。止血快，效果好，但对组织有一定损害。

④结扎止血法：此法主要用于出血点明确的大血管出血，是一种较为可靠的止血方法。使用时先用止血钳将出血点钳住，确认出血点后用丝线将其扎住。

肌肉的血管丰富，肌肉组织出血时要与肌肉一同结扎。为了避免肌肉组织出血，在分离肌肉时，若切口与肌纤维的方向一致，应钝性分离；若方向不一致，则应采取两端结扎，从中间切断的方法。

1.7.3 肌肉、神经、血管的分离

1.7.3.1 一般原则

神经、肌肉和血管都是比较娇嫩的组织，在分离过程中要仔细、耐心、轻柔。分离时应掌握先神经后血管，先细后粗的原则。分离的方向一般要求与神经、血管的走向平行，才能避免损伤组织。在分离较大神经、血管时，应先用止血钳（或眼科镊）将神经或血管周围的结缔组织稍加分离，然后用大小适宜的止血钳插入已被分开的结缔组织破口，沿着神经或血管走向逐渐扩大，使神经从周围的结缔组织中游离出来，必要时也可用手术剪将附着在神经或血管上的结缔组织剪去。分离细小的神经和血管时，可用玻璃分针或眼科镊将神经或血管从组织中仔细分离出来。需特别注意保持局部的自然解剖位置，不要把结构关系搞乱。

切不可用带齿镊子分离和用止血钳或镊子夹持神经和血管，以免受损。分离完毕后，在神经或血管的下方穿以浸透生理盐水的线，以备刺激时提起或结扎之用。然后盖上一块浸以生理盐水的纱布，以防组织干燥，或在创口内滴加适量温热（37℃左右）液体石蜡，使神经浸泡其中。

1.7.3.2 兔颈部神经、血管和气管的暴露与分离

兔颈部神经、血管和气管的解剖位置关系清晰、分支较少；更为突出的是，兔的减（降）压神经单独为一支，与迷走神经、交感神经、颈动脉伴行（图 1-7-1），是进行心血管活动及内脏神经功能研究的理想的实验材料。

减（降）压神经
交感神经
迷走神经

图 1-7-1 颈部分离交感神经

动物麻醉后仰卧在手术台上，颈部剪毛、消毒后，即可切开皮肤进行分离。

①神经：于颈总动脉旁有一束神经与其伴行。小心分离颈总动脉的鞘膜后仔细辨认该神经束中的 3 条神经。其中，最粗的是迷走神经，最细的是减(降)压神经，交感神经粗细介于二者之间。在颈部中央段，迷走神经位于最外侧，减(降)压神经靠近颈总动脉，交感神经位于二者之间。减(降)压神经细如毛发，常与交感神经紧贴在一起，用玻璃分针将所需要的神经分离出 1~2 cm，穿线备用。

②颈总动脉：位于气管两侧，分离覆盖在气管上的胸骨舌骨肌和侧面斜行的胸锁乳突肌，深处可看到颈动脉鞘。仔细分离鞘膜即可看到搏动的颈总动脉，在其下穿线备用。需要剪断血管分支时，必须使用双结扎。

③气管：在喉头下缘沿颈前正中线做一适当长度的切口(兔约为 4 cm)，用止血钳分开胸骨舌骨肌和胸锁乳突肌，即可看到气管，用玻璃分针或手术刀柄将覆盖在气管表面的筋膜除去，使气管完全暴露，用弯头止血钳或镊子在气管下穿一根线备用。

有关其他动物组织的分离技术将在有关的实验中加以介绍。

1.7.4　插管术

动物插管是为了保证动物的正常生理状态而常用的一种处理方法。例如，为了保证动物的肺通气顺畅，需做气管插管，使动物通过气管插管进行呼吸；为了测定血压或放血、注射、取血、输液等需采用血管插管。

1.7.4.1　插管的一般原则

动作要轻，创面要小，尽量避免对周围组织的损伤，减少对动物的伤害；所有插管要与所在组织扎牢，以免脱落；保持裸露组织的湿润；经常观察插管部位，以防意外情况出现。

1.7.4.2　气管插管

动物(以兔为例)暴露、游离出气管，并在气管下穿一较粗的线。用剪刀或专用电热丝于喉头下 2~3 cm 处的两软骨环之间，横向切开气管前壁约 1/3 的气管直径，再于切口上缘向头侧剪开约 0.5 cm 长的纵向切口，整个切口呈"⊥"。若气管内有分泌物或血液要用小干棉球拭净。然后一手提起气管下面的缚线，一手将一适当口径的"Y"气管插管斜口朝下，由切口向肺插入气管腔内，再转动插管使其斜口面朝上，用线缚结于套管的分叉处，加以固定(图 1-7-2)。

1.7.4.3　颈动脉插管

事先准备好插管导管，取适当长度的塑料管或硅胶管，插入端剪一斜面，另一端连接于装有抗凝溶液(或生理盐水)的血压换能器或输液装置上，让导管内充满溶液。

给动物静脉注射肝素(500 U/kg)，使全身肝素化(也可不进行此操作)，分离出一段颈总动脉，在其下穿两根线备用。将动脉远心端的线结扎，用动脉夹夹住近心端，两端间的距离尽可能长。用眼科剪在靠远心端结扎线处的动脉上呈 45°剪一小口，约为管径的 1/3 或 1/2，向心脏方向插入动脉导管，用近心端的备用线，在插入口处将导管与血管结扎在一起，其松紧以开放动脉夹后不致出血为宜。小心缓慢放开动脉夹，如有出血，则将线再扎紧些，但仍以导管能抽动为宜。将导管再送入 2~3 cm，并使结扎更紧些，以使导管不

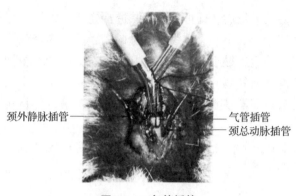

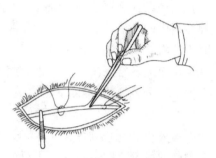

图 1-7-2　气管插管　　　　　　　　　图 1-7-3　颈总动脉插管示意图

致脱落。用远心端的备用线围绕导管打结、固定。操作完毕后将血管放回原处(图 1-7-3)。

1.7.4.4　股动脉、股静脉插管

　　动物麻醉后仰卧于手术台上,剪去股三角区的毛后,用手触摸股动脉搏动,确定股动脉走向。沿血管方向切开 3~5 cm 的皮肤,分离皮下组织及筋膜,可看到股动脉、股静脉和神经。三者的位置从外向内依次为股神经、股动脉和股静脉。用眼科镊小心地将股神经分出,然后再将股动脉和股静脉分出,血管周围的结缔组织要分离干净。在远心端结扎血管,并用动脉夹夹闭近心端血管。在动脉夹后穿线,以备固定插管用。用眼科剪朝心脏方向将血管剪一小斜口,然后用一插管从剪口处向心方向插入血管内,再用结扎线固定。插管导管的准备同颈总动脉插管导管,其末端插入粗细相当的钝针头,针头上接三通活塞。用注射器通过三通活塞向插管导管内注入肝素,关闭活塞。

1.7.4.5　鱼类尾部血管插管

　　体重在 600 g 以上的鱼可在尾部血管安置导管以供取血样或注射药物用。用 18 号针头,内穿过口径适宜的细塑料管。塑料管长 20~30 cm,一端做尖锐的切口,另一端连接注射器和针头;管内充满含肝素的生理盐水。鱼经麻醉后用湿毛巾包住前半部,一手握住尾柄,另一手将内含细塑料管的针头从尾柄腹部插入体壁而到达血管弧。用连接细塑料管的注射器抽取,若有少量血液进入管内,即可证明细塑料管前端已插入尾部血管内。此时,可仔细把细塑料管推进血管内数厘米,然后小心地把注射针头从入针部位拉出来,并脱离细塑料管。最后用细线把塑料管(即导管)固定在尾鳍基部(图 1-7-4)。使细塑料管充满含肝素的生理盐水后,将注射器取出,用大头针将导管末端塞紧并避免出现气泡。这时可把鱼放回水族箱内。待它完全恢复正常后就可以进行实验。

　　取血样时,可用注射器先将导管内的含肝素的生理盐水及少量血液取出弃去,然后换上另一支注射器吸取血样。取完血样后应用注射器从导管注入一些含肝素的生理盐水,并用大头针将导管末端塞紧,以备第二次取血样。

1.7.4.6　鱼类背大动脉插管

　　①背大动脉插管适宜那些口裂较大的鱼类,在做

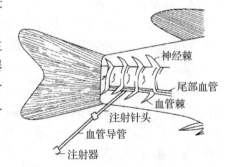

图 1-7-4　鱼尾部血管插管术

手术之前须仔细解剖、了解实验鱼的背大动脉在口腔上壁的具体位置。

②将鱼麻醉,用粗注射针头在鱼的上颌鼻腔附近刺穿,插入一根长 3～4 cm 的粗塑料管,以备手术后将血管导管引出体外。

③将鱼腹部向上,置于手术台上的塑料吊床上,在左、右鳃盖下插入小胶管,使循环流动的含低浓度麻醉剂的溶液灌注鳃部,并使鱼的体表保持潮湿。用一吊钩将鱼的下颌吊起,使口腔尽可能地张大。在口腔顶部上皮的正中线上,用弯针穿引两条相距 1 cm 的结线,以备固定血管导管用。

④通过注射器向长约 50 cm 的塑料小管内注入含肝素的生理盐水(不得有气泡),以作血管导管用。用特制的塑料套管和插入套管内的长穿刺针头在咽腔上壁第 1 对鳃弓和第 2 对鳃弓之间的正中线,以 30° 角轻轻斜刺入上皮及其下方的大动脉(不要插过头,图 1-7-5A)。如果套管内的注射针头正好插入背大动脉,血将立即沿针头向外涌出。此时一手将套管稳定不动,另一手将注射针头取出(图 1-7-5B),并将准备好的血管导管从套管中插入已刺破的背大动脉内(图 1-7-5C)。如果血管导管正好插入背大动脉内,则背大动脉的血会沿着血管导管向外流出。此时也可来回抽、推注射器观察血管导管内血液的流动情况,如果血流通畅,说明已插入背大动脉,如果血流中断,说明血管导管并没有插入背大动脉,必须将血管导管抽出,再用塑料套管和长穿刺针头重新寻找新的刺入点。

⑤当血管导管准确插入背大动脉后,一手用镊子轻轻夹住血管导管,将其位置稳住不动,另一手慢慢地将塑料套管小心移出(图 1-7-5D)。当塑料套管小心移出一段距离后,便可用原已系在口腔上壁的线将血管导管结扎固定在口腔上壁。在结扎之前仍需抽拉注射器,检查血管导管内血液是否流动通畅。血管导管固定好后,塑料套管即可取出。并将血管导管通过鱼上颌上的粗塑料管引出体外(图 1-7-5E)。并用粗线将血管导管扎在粗塑料管上。此时可用注射器,通过血管导管向鱼体内输入生理盐水(不得有气泡),以补充手术过程中流失的血液。然后取走注射器,用大头针将血管导管末端塞紧(图 1-7-5F)。

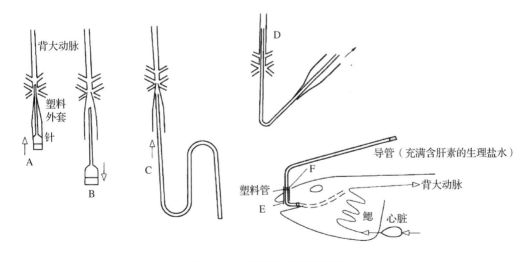

图 1-7-5 鱼类背大动脉插管术

A. 针刺入;B. 针取出;C. 把塑料导管伸入背大动脉;D. 把塑料套管取出;

E. 用线将导管系在口腔顶上皮中;F. 用细线将导管系在塑料管上

⑥手术后鱼的护理：做完背大动脉插管后，应立即移入有新鲜流水与充气的水族箱中，迅速使其苏醒。如因麻醉较深，苏醒较慢，可用手帮助其口腔和鳃腔运动(即进行人工呼吸)。苏醒后的鱼移入特制的分隔的流水式水族箱内，每个格内只能放一尾鱼，而且使其安静不能游动，以免引起导管脱落。手术后至少要有 24 h 的恢复时间才能开始实验。

1.8   动物实验意外事故的处理

1.8.1   麻醉过量和窒息

麻醉是动物手术中必不可少的过程，由于动物的生理状态不同，有时会产生麻醉过量现象，造成呼吸或循环系统异常情况，此时应根据麻醉过量的程度，采用不同的方式处理。例如，动物呼吸极慢而不规则，但血压和心搏仍正常时，可施行人工呼吸，并给苏醒剂。若被麻醉动物呼吸停止，血压下降，但仍有心搏时，应迅速施行人工呼吸，同时注射温热的 50% 葡萄糖溶液、1∶10 000 肾上腺素及苏醒剂。若被麻醉动物呼吸停止，而且心搏极弱或刚停止时，应用 5% CO_2 和 95% O_2 的混合气体人工呼吸，注射温热的生理盐水和进行心脏按压。心搏恢复后，注射 50% 葡萄糖溶液及苏醒剂。常用苏醒剂有咖啡因(1 mg/kg)、尼可刹米(2~5 mg/kg)和山梗菜碱(0.1~1 mg/kg)等。

1.8.2   大 出 血

在生理实验中，由于操作失误或无法预见的原因，有时会出现大出血，遇到这种情况时首先不要慌张，尽快查明出血原因，用棉球吸去血迹，观察血的来源。一般大出血由两种情况造成：一是大血管被剪破，找到出血口后，立即用止血钳钳住出血口的两侧。如出血口不是很大，钳住一段时间后，血液会凝固，此时放开止血钳后不再会出血；如出血口较大，则用止血钳钳住后，再用线将出血口两侧结扎，以防进一步出血。有时出血量非常大，来不及用止血钳止血，也可用手指夹住出血口，再用止血钳止血。二是渗透性出血，虽然渗透性出血是由一些小血管造成的，但很多小血管同时出血，造成的总体出血效应还是相当严重的，并不逊色于一根大血管的出血，此时也应首先确定出血部位，然后用温热的生理盐水浸过的棉花(或明胶海绵)覆盖在出血部位上止血，也可用上面提到的烧烙止血法烧灼出血部位，此方法虽然对组织有一定伤害，但却是处理渗透性出血较为有效的一种方法。

第 2 章　动物生理学研究性实验的程序与基本要求

动物生理学不仅是一门理论性很强的基础性学科，而且是实验性很强的学科，它的许多理论都来自科学实验结果。因此，在学生经过了一段时间的动物生理学理论的学习和一定的实验基本技术操作训练及经典性实验实践之后，进一步进行有关的动物生理学探索性实验的训练是非常必要的。通过实验设计、探索性实验过程，能使学生充分认识实验在科学理论产生和发展中的作用；培养学生的创新精神及观察和发现问题的能力；解决实际问题和分析、总结实验结果的能力。通过撰写研究性论文培养学生用逻辑性语言表达研究结果的能力，为今后独立进行科学研究打下良好的基础。

完善的实验设计是提高研究和实验效率，减少误差，获取可靠资料的基本保证。动物生理学实验设计的基本程序包括立题、实验设计、实验及观察、实验结果的处理分析及研究结论几个环节。

2.1　立题

立题就是确定所要研究的课题，是实验设计的前提，并决定着研究的方向和总体内容。它包括选题和建立假说。选题正确与否直接关系到实验的成败、实验结果的准确性和结论的可靠性，因此学生在选题时一定要注意选题的基本原则和要求。

2.1.1　选题的原则

一个好的选题应该具有目的性、创新性、前瞻性、科学性和可行性。

（1）目的性　明确、具体地提出通过实验需要解决的问题。选题必须具有明确的理论或实践意义。题目要求简练，内容不宜繁杂、过大。一个实验只需解决 1~2 个主要问题即可。

（2）创新性、前瞻性　科学研究是创新性工作，所研究的问题必须是别人没有研究过的，或虽有人研究过但还不能给出结论的问题。因此，必须检索国内外有关文献和科研资料，以便在选题时就要考虑到通过实验研究能否（或拟）提出新规律、新见解、新技术、新方法；或是对原有的规律、技术或方法的修改、补充。要使研究具有前瞻性，还必须紧密结合专业实践进行选题。

（3）科学性　所研究的问题必须先有一个设想，再设计实验进一步去证明设想是否正确。因此，选题应有充分的科学依据，与已证实的科学理论、科学规律相符合，而不是毫无根据的凭空瞎想。

（4）可行性　选题应切合实验者的知识水平、技术水平和进行该课题研究所需要的实验条件；所观察的指标应明确可靠、易观察、易客观记录；得出的结果重复性好，结论能说明问题，实验能顺利实施。例如，通常实验对象选择易得到的常规小实验动物（兔、大鼠、小鼠、蛙或蟾蜍等）；实验器材、药品、试剂等简易价廉；进行一次实验，一般在4~5 h即能完成等。

2.1.2 假说的建立

科学研究中离不开科学假说，事实上在选题时就已经开始了。假说就是对拟研究的问题预先提出实验设计的基本原理、步骤和假定性答案或试探性解释，也是实验研究的预期结果。在研究前提出的假说能够引导研究展开；在研究有了结果后，还可根据研究中的发现对假说进行修正，才能提出对某一问题的观点。要建立科学的假说，查阅文献资料是必不可少的工作。对于已掌握的知识和资料需要运用对立统一的观点进行类比、归纳和演绎等一系列逻辑推理过程，明确研究(实验)目的和途径才能进入实验设计。

2.2 实验设计

实验设计是实验研究的计划、方案的制订，必须根据实验研究的目的、预期结果、结合专业和统计学要求，对所要设计的实验的具体内容和方法做出周密完整的计划安排，使之在实验过程中有所依据，并能够提高实验研究的质量。

2.2.1 实验设计的内容

实验设计的内容主要包括以下几个方面：

(1)实验的方案计划及技术路线 主要根据实验的目的，利用已知的科学规律和已有的研究成果，制定可操作的(研究)实验的路径、方案以达到预定的实验目的。对于研究性设计可以是多层次、多学科、多方法的综合性研究路径和方案。

(2)实验方法与实验项目 进行(研究)实验时的具体实验方法和操作步骤。

(3)所需要的动物、仪器、器材及药品

①实验用动物：为了获得可靠而准确的实验结果，选择实验动物时需根据实验目的、动物特点、实验方法和指标的要求选择合适的(观察对象)实验用动物。

②器材：依据实验的种类、大小，准备相应的器材种类和数量。

③药品：根据实验的要求，按照实验的操作步骤，列出并备足所需药品的品种和数量。注意：在准备药品时应检查药品是否过期等。

2.2.2 实验设计的要素

实验研究立题后，通常可从题目中反映研究内容最基本的三大要素，即处理因素、受试对象和实验效应。

(1)处理因素 实验中根据研究目的，由实验者人为地施加给受试对象的因素称为处理因素，如药物、某种刺激及手术、某种护理等。在设置处理因素时应注意以下几个问题：

①抓住实验的主要因素：由于因素不同和同一因素不同水平造成因素的多样性，因此在实验设计时有单因素和多因素之分。一次实验只观察一个因素的效应称为单因素。一次

实验中同时观察多种因素的效应称为多因素。一次实验的处理因素不宜过多，否则会使分组过多，方法繁杂，受试对象增多，实验时难以控制。而处理因素过少又难以提高实验的广度、深度及效率，同时所需时间较长，费用也很高。因此，需根据研究目的确定几个主要的、带有关键性的因素。

②处理因素的强度：处理因素的强度就是因素量的大小，如电刺激的强度、药物的剂量等，处理的强度应适当。同一因素有时可以设置几个不同的强度，如实验用药设几个剂量(高、中、低)，即有几个水平，但处理因素的水平也不要过多。

③处理因素的标准化：处理因素在整个实验过程中应保持不变，即应标准化，否则会影响实验结果的评价。例如，电刺激的强度(电压、持续时间、频率等)、药物质量(来源、成分、纯度、生产厂、批号以及配制方法等)、仪器的参数等应作出统一的规定，并在实验的过程中严格按照这一规定实施，研究结果才有可比性，最终得出结论。实行处理因素标准化的有效方法是建立和实施每一类实验的标准操作规程，这将保证每个实验都能够按照统一的标准进行，减少因标准不一造成的失败或误差。

④重视非处理因素的控制：非处理因素(干扰因素)会影响实验结果，应加以控制，如离体实验时的恒温、恒压、供氧等非处理因素。

(2)受试对象　每项科学实验都有其最适宜的受试对象，首先，应该根据对处理因素敏感程度和反应的稳定性等选择合适的实验对象。其次，还要考虑动物饲养和繁殖的难易、价格及生长周期等因素。选择动物的条件如下：

①必须选用无病、无残、能正常摄食和活动的健康动物。

②动物的种属及其生理、生化特点是否符合复制某一实验模型。

③动物的品系和等级是否符合要求，不同的实验研究有不同的要求。

④动物的年龄、体重、性别最好一致，以减少个体间的生物差异。急性实验选用成年动物，慢性实验最好选用年轻健壮的雄性动物，对性别要求不高的实验，雌雄应搭配适当；与性别有关的实验研究，要严格按实验要求选择性别。

动物的年龄可按体重大小来估计，通常成年小鼠为 20~30 g；大鼠为 180~250 g；豚鼠为 450~700 g；犬为 9~15 kg。

通常采用廉价易得的动物。如需用大动物来完成的实验，可选用犬、羊、猪；一般常选择的实验动物为兔、大鼠、小鼠等，只在某些关键性的实验中，才考虑使用昂贵、难得的动物。

(3)实验效应　实验效应主要指选用什么样的标志或指标来表达处理因素对受试对象所产生的有、无、大、小的影响。这些指标包括计数指标(定性指标)和计量指标(定量指标)，主观指标和客观指标等。指标的选择应符合以下原则：

①特异性：观察指标应能特异性地反映某一特定的现象，而不至于与其他现象相混淆，如研究高血压病时，应以动脉压(尤其是舒张压)作特异性指标。

②客观性：所观察的指标应避免受主观因素干扰造成较大误差。最好选用易于量化的、经过仪器测量和检验而获得的指标，如心电图、脑电图、血压、心率、呼吸频率、血气分析、血液生化指标和细菌学培养结果等。由于主观指标(如疼痛、饥饿、疲倦、全身不适、咳嗽等感觉性指标)易受个体差异的影响，其客观性、准确性则较差，既难定性，

更不易定量。

③重复性：即在相同条件下，指标可以重复出现。为提高重现性，须注意仪器的稳定性，减少操作的误差，控制动物的机能状态和实验环境条件。如果在上述条件的基础上，重现性仍然很小，说明这个指标不稳定，不宜采用。

④精确度：精确度包括精密度与准确度。精密度是指重复观察时各观察值与其平均值的接近程度，其差值属于随机误差。准确度是指观察值与其真实值的接近程度，主要受系统误差的影响。实验指标要求既精密又准确。

⑤灵敏度：灵敏度高的指标能使处理因素引起的最小效应显示出来。灵敏度低的指标会使本应出现的变化不易出现，造成"假阴性"的结果。指标的灵敏度是受测试技术、测量方法、仪器精密度的影响的。

⑥可行性和认可性：可行性是指研究者的技术水平和实验室设备的实际条件能够完成本实验指标的测定。认可性是指经典的(公认的)实验测定方法，必须有文献依据。自己创立的指标测定方法必须经过与经典方法做系统比较并有优越性，方可获得学术界的认可。

此外，在选择指标时，还应注意以下关系：客观指标优于主观指标；计量指标优于计数指标；变异小的指标优于变异大的指标；动态指标优于静态指标，如体温、体内激素水平变化等，可按时、日、年龄等作动态观察；所选的指标要便于统计分析。

2.2.3　实验设计的原则

为了确保实验设计的科学性，除对实验对象、处理因素、实验效应做出合理的安排以外，还必须遵循实验设计的 3 个原则，即对照、随机、重复的原则。这些原则是为了避免和减少实验误差，取得实验可靠结论所必需的要求，是实验过程应始终遵循的。

(1)对照原则　即设立参照物，使处理因素和非处理因素的差异有一个科学的对比，通常实验分组为处理组和对照组。在比较的各组之间，除处理因素不同外，其他非处理因素尽量保持相同，从而根据处理与不处理之间的差异，了解处理因素带来的特殊效应。为此要求受试对象的基本特点、实验动物品系、性别、年龄相同，体重相近；采用的仪器设备、各种试剂和材料、实验的季节、时间、实验环境(温度、相对湿度、光照、噪声等)、实验方法、操作过程、采用的观察指标等也要一致；研究的全过程都要按照统一的标准进行，或者由同一个人做实验的一部分或观察一种指标，使得掌握条件或标准能够相同，中途改变条件会使实验结果前后难以比较，导致返工等问题。行为学实验还要求实验者不要更换等。只有这样，才能消除非处理因素带来的误差，实验结果才能说明问题。

根据实验研究目的和要求的不同，可选用不同的对照形式：

①空白对照：在不加任何处理的空白条件下或给予安慰剂及安慰措施进行观察对照。安慰剂是指一种在形状、颜色、气味均与药物相同，而不含有生物活性的主药制剂。例如，观察生长激素对动物生长作用的实验，就要设立与实验组动物同种属、年龄、性别、体重的空白对照组，以排除动物本身自然生长的可能影响。

②实验对照(或假处理对照)：是指在某种有关的实验条件下进行观察对照。动物经过相同的麻醉、注射，甚至进行假手术、做切开、分离……但不用药或不进行关键处理，以此作为手术对照，以排除手术本身的影响。假处理所用的液体 pH 值、渗透压、溶媒等均

与处理组相同，因而可比性好。如要研究切断迷走神经对胃酸分泌的影响，除设空白对照外，应设立假手术组。

③标准对照：是指用标准值或正常值作为对照，以及在标准条件下进行对照。例如，要判断某一个体血细胞的数量是否在正常范围内，则需要通过计数红细胞、白细胞、血小板的数量，将测得的结果与正常值进行比较，根据其是否偏离正常值的范围做出判断。此时所用的正常值就是标准对照。

④自身对照：是指将同一受试对象实验后的结果与实验前的资料进行比较，如用药前、后的对比。

⑤相互对照（组间对照）：是指不专门设立对照组，而是几个实验组、几种处理方法之间互为对照。例如，几种药物治疗某种疾病时，可观察几种药物的疗效，各给药组间互为对照。

（2）随机原则　是指在实验研究中，使每一个个体都有均等机会被分配到任何一个组中，分组结果不受人为因素的干扰和影响，并按照机遇的次序来安排操作的顺序。通过随机化的处理，可使抽取的样本能够代表总体，减少抽样误差；还可使各组样本的条件尽量一致，以消除或减小组间误差，从而使处理因素产生的效应更加客观，便于得出正确的实验结果。这是对资料分析时进行统计的前提。

通常在随机分组前对可能明显影响实验的一些因素，如性别、年龄、病情等，先加以控制，这就是分层随机（均衡随机）。例如，将 30 只动物（雌雄各半）分为 3 组，可先把动物分为雌 15 只、雄 15 只，再分别把不同性别各随机分为 3 组，这样比把 30 只动物不管性别随机分在 3 组为好。如果在动物分组时，先抓到的是不活泼者，后抓到的是活泼者。而后几组动物会比前几组动物的耐受力强些，这样实验得出的结论是不可靠的。为了避免各种因素引起实验结果的偏差，随机化是一个重要手段。随机化的方法很多，可参考生物统计学有关内容。

（3）重复原则　重复是指可靠的实验应能在相同条件下重复出来（重现性好），这就要求各处理组及对照组的例数（或实验次数）要有一定的数量。假如样本量过少，仅在一次实验或一个样本上获得的结果往往由于个体差异的存在，以及实验误差的影响而不准确，其结论的可靠性也差。如样本过多，不仅增加工作难度，而且造成不必要的人力、财力和物力的浪费。因此，应在保证实验结果具有一定可靠性的条件下，确定最少的样本例数，以节省人力和经费。

在生理学实验正确的决定实验动物的数量或样本的大小，一是根据生物统计学原理，二是根据文献资料、预期实验结果，结合以往的经验来确定。例如，要研究侧脑室注射组胺对胃酸分泌的影响，设对照组（脑室注射人工脑脊液）和实验组，实验组又分为组胺组、H_1 和 H_2 受体阻断剂组、H_1 受体阻断剂+组胺组和 H_2 受体阻断剂+组胺组，共 6 组，每组 6 只动物，每组 5~10 个重复，那么，完成这项实验就要 180~360 只动物。

重复的第二个含义是指重复实验或平行实验。由于实验动物的个体差异等原因，一次实验结果往往不够确实可靠，需要多次重复实验才能获得可靠的结果。通过重复实验，一是可以估计抽样误差的大小，因为抽样误差（即标准误差）大小与重复次数成反比；二是可以保证实验的可重现性（即再现性）。实验需重复的次数（即实验样本的大小），对于动物实验而言(指实验动物的数量)取决于实验的性质、内容及实验资料的离散度。一般而言，计量资料的样本数每组不少于 5 例，以 6~10 例为好。计数资料的样本数则需每组不少于 30 例。

除上述 3 个原则外，实验设计还应尽可能地从多方面进行同样的实验加以论证。例如，检查某一神经因素的作用，可用刺激、切断、药物拮抗(模拟)、受体阻断等方法，如果得到相同的结论，则结论可信且具有普遍意义。又如，对鱼类等水产动物的生理活动影响的因子较多，因此在设计时还需要按照统计学要求分因子和机体整体、器官、组织、细胞等不同水平进行设计。

2.3　筛选与预备性实验

2.3.1　初步筛选

初步筛选是进行正式实验研究以前的初步试探性工作。定向筛选是用同样的实验指标同时对多种药物进行筛选。

普通筛查是对某药物或方剂进行多种实验，目的在于初步发现被测试对象可能具有的药理作用，如麻醉动物血液实验、血流动力学实验、离体器官试验等。普通筛查要求有一定的覆盖面，以使用较短的时间，较少的人力、物力，发现样品可能具有的药理活性。

2.3.2　预备实验

预备实验是在上述设计基本完成以后对实验的预演(初步实验)。其目的在于检查各项准备工作是否完善，实验方法和步骤是否切实可行，测试指标是否稳定可靠，而且初步了解实验结果与预期结果的距离，为选题和实验设计提供依据，从而为正式实验提供补充、修正的意见和宝贵经验，是完备实验设计和保证实验成功的必不可少的重要环节。

一般通过预备实验要着重解决以下几个问题：
①确定正式实验样本的种类和例数。
②检查实验的观察指标是否客观、灵敏和可靠。
③改进实验方法和熟悉实验技术。
④调整处理因素的强度，探索药物剂量大小和反应的关系，确定最适合的用药剂量。
⑤发现值得进一步研究的线索。

［附］　《动物生理学》实验设计参考课题

在学生完全独立进行生理实验前，或在某些实验章节之后，根据学生掌握一定的生理知识和实验手段，教师可以提出一些难度不太大，比较切实可行的实验题目，让学生逐步学习实验设计，这样可为学生完全独立进行实验设计打下良好基础。参考课题如下：

1. 证明神经动作电位与 Na^+ 的关系。
2. 使用测神经干动作电位的方法，测定速度公式的适用范围。
3. 影响骨骼肌兴奋-收缩耦联的因素。

4. 麻醉药对皮层诱发电位的影响。

5. 影响神经动作电位传导速度的因素。

6. 去大脑兔对姿势反射的影响。

7. 交感神经对心脏的影响。

8. 心肌纤维动作电位与骨骼肌纤维动作电位的比较。

9. 证明股神经中有无交感缩血管纤维。

10. 颈动脉窦对血压的调节作用。

11. 麻醉药对动物血压的影响。

12. 证明交感神经通过 α 受体影响血压。

13. 肾上腺素对血压的影响。

14. 缺氧及二氧化碳过多对动脉血压的影响。

15. 负荷对心肌收缩力的影响。

16. 胸内负压与呼吸运动的关系。

17. 肺牵张反射的实验证明。

18. 化学感受器在调节呼吸运动中的作用。

19. 颅内高压对呼吸、循环功能的影响。

20. 减压神经放电和膈神经放电同时记录分析。

21. 消化管平滑肌基本电节律的观察。

22. 影响膜液和胆汁分泌的因素。

23. 唾液分泌压与动脉血压的关系。

24. 血浆胶体渗透压与晶体渗透压影响尿量的机制。

25. 葡萄糖影响尿量的机制。

26. 影响肾小球滤过率的因素。

27. 抗利尿激素对尿量的影响。

28. 动脉血压对尿量的影响。

29. 耳蜗微音器电位与耳蜗动作电位的比较。

30. 皮肤传入冲动的发放。

31. 不同水环境下(季节)鱼类血液、呼吸及循环系统的生理生化指标的测定。

32. 鱼类 Hb 氧合作用动力学研究。

33. 水环境因子对鱼类鳃洗涤运动的影响。

34. 在不同水域环境中生活的鱼类等水产动物呼吸、循环、运动等活动的比较研究。

35. 不同营养状况(或饲喂方式)对鱼类等水产动物消化、能量代谢、排泄等生理活动的影响。

36. 鱼类的下丘脑-腺垂体-性腺作用轴,随季节性变化的论证。

37. 环境因子与动物的生长。

38. 鱼类等水产动物消化管激素存在的论证。

2.4　实验结果的观察、记录及其处理

2.4.1　实验过程的观察

实验观察应注意对实验整个过程的观察，从引进欲检验因素之前一直观察到引进欲检验因素之后产生变化的终结，或从撤销欲检验因素后直到其功能恢复正常的全过程的观察。注意实验中的变化过程及引进欲检验因素的时间、出现变化的时间和恢复到正常水平的时间进行准确的记录。要等前一项实验结果恢复正常后再进行下一项实验。观察要特别注意有无出现非预期结果或"反常"现象？在排除了错误的不合理的结果之后，应对其进行分析，进一步实验是否有新的发现和新理论的得出。

2.4.2　实验结果的记录

结果的记录也应做到系统、客观和准确。要重视原始记录，预先拟定好原始记录的方式和内容。记录的方式可是文字、数字、表格、图形、照片、录像及影片等。严禁擅自撕页或涂改，切不能用整理后的记录替代原始记录，要保持记录的原始性和真实性。

一般实验记录的项目和内容包括：

(1)实验名称、实验日期、实验者。

(2)受试对象　实验对象的分组，动物种类、品系、编号、体重、性别、来源、合格证号、健康状况、离体器官名称等。

(3)刺激种类、刺激参数　若是药物刺激，则应记录药物名称、来源(生产厂)、剂型、批号、规格(含量或浓度)、剂量、给药方法等。

(4)实验仪器　主要仪器的名称、生产厂、型号、规格等。

(5)实验条件　实验时间、室(水)温、动物饲养、饲料、光照、恒温条件等。

(6)实验方法及步骤　测定内容和方法等。

(7)实验指标　实验指标的名称、单位、数值及变化等，如有实验曲线，应注明实验项目、刺激(或药物)施加与撤销标记。

2.4.3　实验结果的处理

实验结果必须进行整理和分析，才能从中发现问题，揭示其变化的规律性及其影响因素。

2.4.3.1　原始资料的类型

实验中得到的结果数据称为原始资料，分为计量资料和计数资料两大类。

计量资料以数值大小来表示某种变化的程度，如血压值、呼吸频率、尿量、血流量等，这类资料可从测量仪器中读出，也可通过测量所描记的曲线得到。计数资料是清点数目所得到的结果，如动物存活或死亡的数目、有效或无效等。

2.4.3.2　对原始资料的分析和处理

在取得一定数量标本的原始资料后，即可进行生物统计学处理，得到可用来对实验结

果某些规律性进行评价的数值。有些数值如比值、平均值、标准差、标准误、相关系数等被称为统计指标。经统计学处理的结果数据可制成一定的统计表或统计图，以便研讨所获得的各种变化规律。其次，还可作相应的统计学显著性检验或计算某些特征参数等。

在分析和判断实验结果时，决不能有研究者的偏见，或者在计算均数或比值时任意将资料取舍。必须实事求是，不能人为地强求实验结果符合自己的假说，而应该根据实验结果去修正假说，使假说上升为理论。

2.4.3.3 实验结果的表示方法

在所得的实验结果中，凡属于可定量检查的资料，如高低、长短、快慢、轻重、多少等，均应以法定计量单位和数值予以表达，并制成表格。在可以记录到曲线的实验项目中，应尽量采用曲线来表示实验结果。要求在所记录到的曲线上仔细标记清楚各项图注，使他人易于观察和辨识曲线的内在含义。例如，应在曲线的适当部位标注度量标尺或度量单位、刺激开始和终止的标志、实验日期和实验名称等。

2.4.4 研究(实验)的结论

科学研究经过实验设计、实验与观察、数据处理，对实验结果进行由表及里的分析，就可做出研究总结、得出结论，并写出论文。这个结论要回答原先建立的假说是否正确，并对实验中发现的现象用所搜集到的资料做出理论解释。研究结论是从实验观察结果概括或归纳出来的判断。结论内容要严谨、精炼、准确。

2.5 生理学实验研究论文的撰写

撰写科研论文是科研工作者的重要工作，是以作者自己设计和实施的实验中获得的原始资料为依据而写出的研究论文。一篇高质量的科研论文可以全面概括科研工作的过程，体现研究者工作的新发现、新方法、新观点及其研究价值，并体现研究者的科研水平及科学态度。科研论文写作既是一个阶段研究工作的总结，也是下一个阶段研究的基础。科学价值和表达形式是构成研究论文的两大要素，科研设计和实验结果确定科学价值，表达形式则通过资料整理和写作来反映。由此可见，严密的科研设计和真实、有效的实验结果是高水平研究论文的基础，而准确、完美的表达形式则能充分体现科研的水平与意义。因此，如何撰写出高质量的研究论文，除了需要有深厚的科研功底外，还有较强的逻辑表达能力，注重科学性、创新性与可读性，做到多读、多思考、多请教、多写、多修改。

实验研究论文的书写与一般的实验报告有所不同，要求按正式论文的格式。一般具体要求如下：

(1)研究题目 要求反映研究课题的基本要素，字数最好不要超过 25 个字。

(2)作者与班级 按贡献大小进行排名，并注明所在班级与指导教师姓名。

(3)摘要 按照目的、方法、结果、结论四部分进行描述，要求有重要的数据，能概括全文的主要内容与观点，字数以 350 字以内为宜。

(4)前言 简要说明有关领域的研究概况和本研究的理论与宗旨。

(5)材料与方法 包括动物、药品、仪器、实验分组、实验模型、实验过程、观察指标、数据处理等。

（6）结果　用文字及图表来表示。

（7）讨论与结论　根据结果并结合有关理论和文献资料进行分析，并做出结论。

（8）参考文献　注明作者、标题、期刊或著作、出版社或发表时间、卷、期、起止页码等。

第3章　细胞的基本功能

实验 3.1　坐骨神经-腓肠肌标本制备

[实验目的]

学习生理学实验基本的组织分离技术；学习和掌握制备蛙类坐骨神经-腓肠肌标本的方法；了解刺激的种类。

[实验原理]

蛙类的一些基本生命活动和生理功能与恒温动物相似，若将蛙的神经-肌肉标本放在任氏液中，其兴奋性在几个小时内可保持不变。若给神经或肌肉一次适宜刺激，可在神经和肌肉上产生一个动作电位，肉眼可看到肌肉收缩和舒张一次，表明神经和肌肉产生了一次兴奋。在生理学实验中，常利用蛙的坐骨神经-腓肠肌标本研究神经、肌肉的兴奋，刺激与反应的关系和肌肉收缩的特征等。制备坐骨神经-腓肠肌标本是生理学实验的一项基本操作技术。

[实验对象]

蟾蜍或蛙。

[实验药品]

任氏液、食盐、1% H_2SO_4 溶液。

[仪器与器械]

普通剪刀、手术剪、眼科镊(或尖头无齿镊)、金属探针(解剖针)、玻璃分针、蛙板、玻璃板、蛙钉、细线、培养皿、滴管、锌铜弓(或电子刺激器)、酒精灯、滤纸。

[实验方法与步骤]

1. 破坏脑、脊髓

取蟾蜍一只。左手握住蟾蜍，使其背部向上，用拇指或食指使头前俯(以头颅后缘稍稍拱起为宜)。右手持探针由头颅后缘的枕骨大孔处垂直刺入椎管(图 3-1-1)。然后将探针改向前刺入颅腔内，左右搅动探针 2~3 次，捣毁脑组织。如果

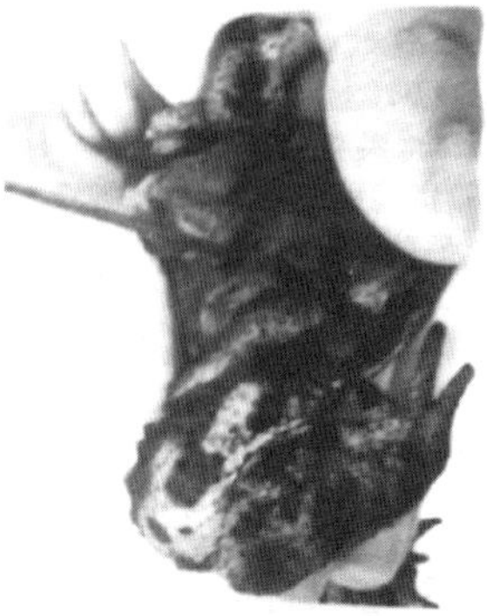

图 3-1-1　破坏蟾蜍脑脊髓

探针在颅腔内,应有碰及颅底骨的感觉。再将探针退回至枕骨大孔,使针尖转向尾端,捻动探针使其刺入椎管,捣毁脊髓。此时应注意将脊柱保持平直。探针进入椎管的感觉是:进针时有一定的阻力,而且随着进针蟾蜍出现下肢僵直或尿失禁现象。若脑和脊髓破坏完全,蟾蜍下颌呼吸运动消失,四肢完全松软,失去一切反射活动。此时可将探针反向捻动,退出椎管。如蟾蜍仍有反射活动,表示脑和脊髓破坏不彻底,应重新破坏。

2. 剪除躯干上部、皮肤及内脏

用左手捏住蟾蜍的脊柱,右手持粗剪刀在荐尾关节前 1 cm(前肢腋窝)处连同皮肤、腹肌、脊柱一并剪断,然后左手握住蟾蜍的后肢,紧靠脊柱两侧将腹壁及内脏剪去(注意避开坐骨神经),并剪去肛门周围的皮肤,留下脊柱和后肢(图 3-1-2)。

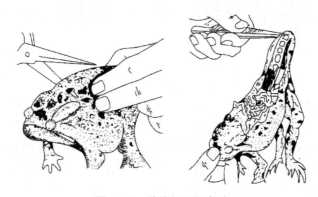

图 3-1-2　剪除躯干及内脏

3. 剥皮

用镊子捏住脊柱的断端(注意不要捏住脊柱两侧的神经),另一只手捏住其皮肤的边缘,向下剥去全部后肢的皮肤。将标本放在干净的任氏液中。将手及使用过的探针、剪刀全部冲洗干净。

4. 分离两腿

用镊子取出标本,左手捏住脊柱断端,使标本背面朝上,右手用粗剪刀剪去突出的骶骨(也可不进行此步)。然后将脊柱腹侧向上,左手的两个手指捏住脊柱断端的横突,另一个手指将两后肢抬起,形成一个平面。此时用剪刀沿脊柱正中线将脊柱盆骨分为两半(注意勿伤坐骨神经)。将一半后肢标本置于盛有任氏液的盘中备用,另一半放在蛙板上进行下列操作。

5. 辨认蟾蜍后肢的主要肌肉

蛙类的坐骨神经是由第 7~9 对脊神经从相对应的椎间孔穿出汇合而成,行走于脊柱的两侧,到尾端(肛门处)绕过坐骨联合,到达后肢背侧,行走于梨状肌下的股二头肌和半膜肌之间的坐骨神经沟内,到达膝关节腘窝处有分支进入腓肠肌(图 3-1-3)。

6. 游离坐骨神经和腓肠肌

用蛙钉或左手的两个手指将标本绷直、固定。先在腹腔面用玻璃分针沿脊柱游离坐骨神经,然后在标本的背侧于股二头肌与半膜肌的肌肉缝内将坐骨神经与周边的结缔组织分离直到腘窝,但不要伤及神经,其分支待以后用手术剪剪断。

同样用玻璃分针将腓肠肌与其下的结缔组织分离并在其跟腱处穿线、结扎。

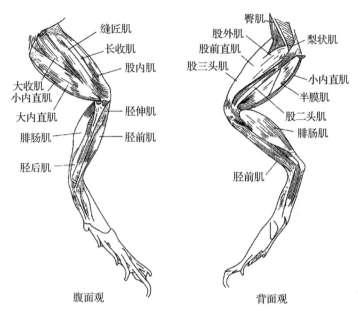

图 3-1-3　蟾蜍后肢肌

7. 剪去其他不用的组织

操作从脊柱向小腿方向进行。

（1）完成标本小腿部的分离　剪去多余的脊柱和肌肉，将后肢标本腹面向上，将坐骨神经连同 2~3 节脊椎用粗剪刀从脊柱上剪下来。再将标本背面向上，用镊子轻轻提起脊椎，自上而下剪去支配腓肠肌以外的神经分支，直至腘窝（图 3-1-4A），并搭放在腓肠肌上。沿膝关节剪去股骨周围的肌肉，并将股骨刮净，用粗剪刀剪去股骨上端的 1/3（保留 2/3），制成坐骨神经小腿的标本。

（2）完成坐骨神经-腓肠肌标本　将脊椎和坐骨神经从腓肠肌上取下，提起腓肠肌的结扎线剪断跟腱。用粗剪刀剪去膝关节以下部位，便制成了坐骨神经-腓肠肌标本（图 3-1-4B）。

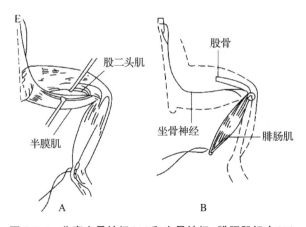

图 3-1-4　分离坐骨神经（A）和坐骨神经-腓肠肌标本（B）

8. 检验标本

用沾有任氏液的锌铜弓触碰一下(或电刺激)坐骨神经或用镊子夹持坐骨神经中枢端,如腓肠肌发生迅速而明显的收缩,说明标本的兴奋性良好。标本浸入盛有任氏液的培养皿中备用。

然后再依次用热玻璃棒、食盐(或 1% H_2SO_4 滤纸)刺激坐骨神经中枢端(或肌肉),观察肌肉收缩有何变化? 如果放上食盐肌肉无动静,用任氏液将食盐冲洗掉,再观察冲洗过程中肌肉收缩有何变化?

[注意事项]

(1)避免蟾蜍体表毒液和血液污染标本,压挤、损伤和用力牵拉标本,不可用金属器械触碰神经干。

(2)在操作过程中,应给神经和肌肉滴加任氏液,防止表面干燥,以免影响标本的兴奋性。

(3)标本制成后须放在任氏液中浸泡数分钟,使标本兴奋性稳定,再开始实验效果会较好。

(4)热玻璃棒的温度防止过高,以免烫伤标本。

[实验结果]

不同的刺激产生的反应不同。

[思考题]

1. 用各种刺激检验标本兴奋性时,为什么要从中枢端开始?
2. 刺激有几种形式? 如何解释不同的食盐处理后对肌肉收缩的影响?

实验 3.2 刺激强度对肌肉收缩的影响

[实验目的]

学习神经-肌肉实验的电刺激方法和记录肌肉收缩的方法;观察刺激强度与肌肉收缩之间的关系;掌握阈刺激、阈下刺激、阈上刺激、最大(最适)刺激等概念。

[实验原理]

对于单根神经纤维或肌纤维来说,对刺激的反应具有"全或无"的特性。神经-肌肉标本是由许多兴奋性不同的神经纤维肌纤维组成,在保持足够的刺激时间(脉冲波宽)不变时,刺激强度过小,不能引起任何反应;随着刺激强度增加到某一定值,可引起少数兴奋性较高的运动单位兴奋,引起少数肌纤维收缩,表现出较小的张力变化。该刺激强度为阈强度,具有阈强度的刺激称为阈刺激。此后随着刺激强度的继续增加,会有较多的运动单位兴奋,肌肉收缩幅度、产生的张力也不断增加,此时的刺激均称为阈上刺激。但当刺激强度增大到某一临界值时，所有的运动单位都被兴奋，引起肌肉最大幅度的收缩，产生的张力也最大，此后再增加刺激强度，也不会再引起反应的继续增加。可引起神经、肌肉最大反应的最小刺激强度为最适刺激强度，该刺激称为最大刺激或最适刺激。

[实验对象]
蟾蜍或蛙。

[实验药品]
任氏液。

[仪器与器械]
肌槽、张力换能器、生理记录仪、刺激器或计算机生物信号采集处理系统；普通剪刀、手术剪、眼科镊(或尖头无齿镊)、金属探针(解剖针)、玻璃分针、蛙板(或玻璃板)、蛙钉、细线、培养皿、滴管、双凹夹。

[实验方法与步骤]
1. 坐骨神经-腓肠肌标本的制备
离体的坐骨神经-腓肠肌标本，见实验 3.1。

2. 连接实验装置
将肌槽、张力换能器均用双凹夹固定于支架上；标本的股骨残端插入肌槽的小孔内并固定；腓肠肌跟腱上的连线连于张力换能器的应变片上(暂不要将线拉紧)。夹住脊椎骨碎片将坐骨神经轻轻平搭在肌槽的刺激电极上(图3-2-1)。

调整换能器的高低，使肌肉处于自然拉长的状态(不宜过紧，但也不要太松)。然后可进行实验项目。

若是使用生理记录仪进行记录，则将张力换能器的输出插头插入生理记录仪的 FD-2 的输入插孔；刺激器的输出导线与肌槽的电相极连。

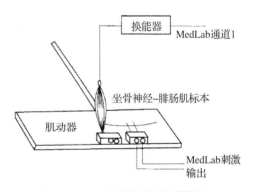

图 3-2-1　肌肉收缩的记录装置图

若是使用计算机生物信号采集处理系统进行实验，则将张力换能器的输出插头插入该系统的一个信号输入通道插座(如 CH1)；电极的插头插入该系统的刺激输出插孔。打开计算机，启动生物信号采集处理系统，进入"刺激强度对骨骼肌收缩的影响"实验菜单。

3. 实验项目
(1)使用单脉冲刺激方式，波宽调至并固定在 1 ms，刺激强度从零开始逐渐增大；首先找到能引起肌肉收缩的最小强度，该强度即阈强度。描记速度要求每刺激一次神经，都应在记录纸或屏幕上记录(或显示)一次收缩曲线(应为一短线)。

（2）将刺激强度逐渐增大，观察肌肉收缩幅度是否随着增加，记下的收缩曲线幅度是否也随之升高。

（3）继续增大刺激强度，直至连续 3~4 个肌肉收缩曲线的幅度不再随刺激增高为止，读出刚刚引起最大收缩的刺激强度，即为最适刺激强度（图 3-2-2）。

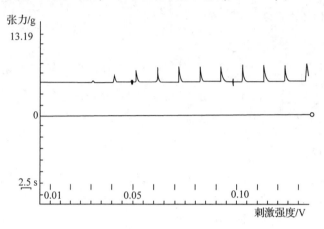

图 3-2-2　刺激强度与肌肉收缩张力之间的关系

［注意事项］

（1）刺激之后必须让标本休息一段时间（0.5~1 min）。实验过程中标本的兴奋性会发生改变，因此还要抓紧时间进行实验。

（2）整个实验过程中要不断给标本滴加任氏液，防止标本干燥，保持其兴奋性。

［实验结果］

（1）标记"刺激强度与肌肉收缩张力之间的关系"曲线，剪辑、粘贴（或打印）。

（2）骨骼肌收缩包括收缩和舒张两个时期，可测量的值有：峰值（最大值）、张力增量（发展张力）、收缩期和舒张 1/2 间期（图 3-2-3）。本实验要求统计全班各组的结果以平均值±标准差表示，并绘制不同刺激强度与腓肠肌收缩张力增量的关系曲线。

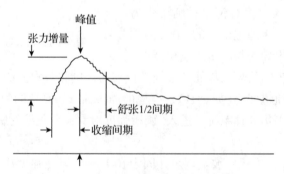

图 3-2-3　骨骼肌收缩/舒张测量值示意图

[思考题]

1. 引起组织兴奋的刺激必须具备哪些条件？
2. 在阈刺激和最适刺激之间为什么肌肉的收缩随刺激强度增加而增加？
3. 实验过程中标本的阈值是否会改变？为什么？

实验 3.3 刺激频率对肌肉收缩的影响

[实验目的]

观察用不同频率的最适刺激刺激坐骨神经对腓肠肌收缩形式的影响及其特征；了解和掌握单收缩、复合收缩、强直收缩特征和形成的基本原理。

[实验原理]

蛙的坐骨神经-肌肉标本单收缩的总时程约为 0.11 s，其中潜伏期、缩短期共占 0.05 s，舒张期占 0.06 s(图 3-3-1)。若给予标本相继两个最适刺激，使两次刺激的间隔小于该肌肉收缩的总时程时，则会出现一连续的收缩，称为复合收缩(或收缩总和)。若两个刺激的时间间隔短于肌肉收缩总时程，而长于肌肉收缩的潜伏期和缩短期时程，使后一刺激落在前一刺激引起肌肉收缩的舒张期内，则出现一次收缩尚未完全舒张又引起一次收缩；若两次刺激的间隔短于肌肉收缩的缩短期，使后一刺激落在前一次刺激引起收缩的缩短期内，则出现一次收缩正在进行接着又产生一次收缩，收缩的幅度高于单收缩的幅度(图 3-3-2)。根据这个原理，若给予标本一连串的最适刺激，则因刺激频率不同会得到一连串的单收缩、不完全强直收缩或完全强直收缩的复合收缩(图 3-3-3)。

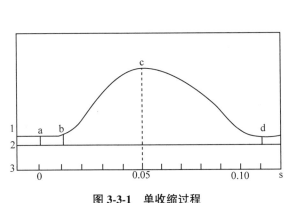

图 3-3-1 单收缩过程

ab. 潜伏期；bc. 缩短期；cd. 舒张期

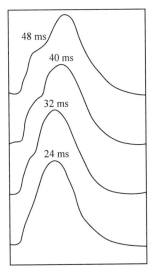

图 3-3-2 相继两个刺激引起的
收缩总和曲线

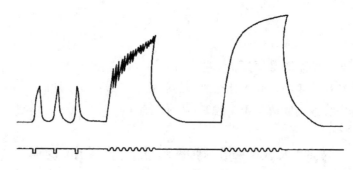

图 3-3-3　不同刺激频率对肌肉收缩的影响

[实验对象]

蟾蜍或蛙。

[实验药品]

任氏液。

[仪器与器械]

肌槽、张力换能器、生理记录仪、刺激器或计算机生物信号采集处理系统；普通剪刀、手术剪、眼科镊(或尖头无齿镊)、金属探针(解剖针)、玻璃分针、蛙板(或玻璃板)、蛙钉、细线、培养皿、滴管、双凹夹。

[实验方法与步骤]

1. 坐骨神经-腓肠肌标本的制备

见实验 3.1。

2. 连接实验装置

见实验 3.2。当用计算机生物信号采集处理系统进行实验时，则打开计算机，启动生物信号采集处理系统，进入"刺激频率对骨骼肌收缩的影响"模拟实验菜单。

3. 实验项目

(1)以波宽为 1 ms，从最小刺激强度开始逐渐增加刺激强度对肌肉进行刺激，找到刚刚引起肌肉最大收缩的刺激强度，即为该标本的最适刺激强度，整个实验过程中均固定在此刺激强度上(一般为 5~7.5 V)。

(2)用单刺激作用于坐骨神经，可记录到肌肉的单收缩曲线。

(3)用双刺激作用于坐骨神经，使两次刺激间隔时间为 0.06~0.08 s，记录复合收缩曲线(纸速 25~50 mm/s)。

(4)将刺激方式置于"连续"，其余参数固定不变，用频率为 1 Hz、6 Hz、10 Hz、15 Hz、20 Hz、30 Hz 的连续刺激作用于坐骨神经，可记录到单收缩、不完全强直收缩和完全强直收缩曲线(纸速 2~10 mm/s)。

[注意事项]

(1)经常给标本滴加任氏液，保持标本良好的兴奋性。

(2)连续刺激时，每次刺激持续时间要保持一致，不得超过 3~4 s，每次刺激后要休息 30 s 以免标本疲劳。

(3)若刺激神经引起的肌肉收缩不稳定时，可直接刺激肌肉。

(4)可根据实际需要调整刺激频率。

[可能出现的问题与解释]

问题：随着刺激频率增加，肌肉复合收缩的幅度不是逐渐升高，而是下降。

解释：这是由于标本保护不当，肌肉受损或疲劳，或刺激频率过高造成的。

[实验结果]

(1)标记不同的收缩曲线，然后进行剪辑、粘贴(或打印)。

(2)统计全班各组的结果，以平均值±标准差表示，绘制不同刺激频率与腓肠肌收缩张力增量(最大时)的关系曲线。

[思考题]

1. 单收缩的潜伏期包括了哪些时间因素？对有神经和无神经的标本有何差异？

2. 不完全强直收缩和完全强直收缩是如何形成的？

3. 肌肉收缩张力曲线融合时，神经干细胞的动作电位是否也发生融合？为什么？

4. 此次实验为什么要将刺激强度固定在最适刺激强度？

5. 为什么刺激频率增高，肌肉收缩的幅度也增高？

实验 3.4 心肌收缩特点的观察

[实验目的]

学习蛙或蟾蜍心脏活动描记的方法，观察心肌收缩的特点并与骨骼肌加以比较。

[实验原理]

心肌也属于横纹肌，但因心肌的有效不应期特别长，几乎占据了整个收缩期和舒张早期，在此期间内任何刺激均不能引起心肌的收缩，因此心肌不会产生强直收缩，心脏总是有节律地舒缩。在整体情况下，在心脏舒张早期之后，给心室肌一次有效的刺激，会引起心脏一次期前收缩，紧接着出现一次较长的间歇，称为代偿性间歇。

由于心肌细胞有分支，相邻心肌细胞之间以闰盘连接；同时在心脏中有特殊的传导系统能将心肌的兴奋迅速传导到整个心脏。因此，心脏的收缩表现出功能合胞体的特征。

［**实验对象**］

蛙或蟾蜍。

［**实验药品**］

任氏液。

［**仪器与器械**］

滴管、蛙类常用手术器械、玻璃分针、蛙板、蛙钉、蛙心夹、双极刺激电极、橡皮泥或电极支架、铁支架、计算机生物信号采集处理系统(或生理记录仪、刺激器)、张力换能器等。

［**实验方法与步骤**］

1. 实验准备

(1)在体蛙心的制备　取蛙一只,破坏脑、脊髓后背位固定于蛙板上,左手持镊子提起胸骨后端的皮肤剪一小口,然后向左、右两侧锁骨外侧剪开皮肤。将游离的皮肤掀向头端。再用镊子提起胸骨后方的腹肌,剪开一小口后,剪刀伸入胸腔(勿伤及心脏和血管),沿皮肤切口剪开胸壁,剪断左右乌喙骨和锁骨,使创口呈一倒三角形,充分暴露心脏部位。持眼科镊提起心包膜并用眼科剪剪开心包膜,暴露心脏(图 3-4-1)。

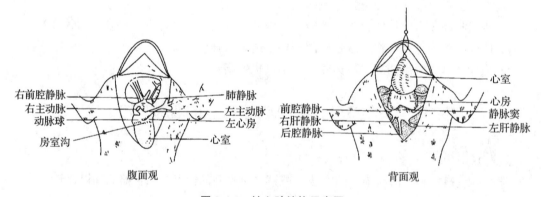

右前腔静脉
右主动脉
动脉球
房室沟

肺静脉
左主动脉
左心房
心室

腹面观

心室
心房
静脉窦
左肝静脉

前腔静脉
右肝静脉
后腔静脉

背面观

图 3-4-1　蛙心脏结构示意图

(2)观察心脏的结构　参照图 3-4-1 识别蛙类心脏。自心脏腹面可观察到心室、心房、动脉球和主动脉。用玻璃分针向前翻转蛙心,暴露心脏背面可观察到静脉窦和心房。

2. 连接实验装置

按图 3-4-2 将蛙心夹上的细线与张力换能器相连,让心脏搏动信号传入计算机生物信号采集处理系统输入通道(CH1)或生理记录仪的输入。将双极刺激电极与心室接触良好并固定稳妥后,与刺激器的刺激输出连接。

若使用生理记录仪,刺激器与记录仪分开时,还需将刺激器的触发信号输入生理记录仪的标记外接,以作为刺激标记。

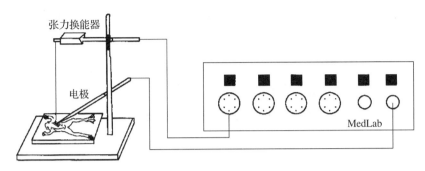

图 3-4-2　在体蛙心期前收缩实验仪器连接方法

3. 实验项目

（1）描记正常心搏曲线，观察曲线的收缩相和舒张相。

（2）用中等强度的单个阈上刺激分别在心室收缩期或舒张早期刺激心室，观察能否引起期前收缩。

（3）用同等强度的单个阈上刺激在心室舒张早期之后的不同时段刺激心室，观察有无期前收缩出现。

（4）以上刺激若能引起期前收缩，观察其后有无代偿间歇出现。

（5）短时间内改变刺激强度在心室舒张早期之后的同一时段，刺激心室，观察心室收缩的幅度是否发生变化。

（6）用连续的刺激去刺激心室肌，观察心脏是否会出现强直收缩。

[**注意事项**]

（1）经常给心脏滴加任氏液，以保持心脏适宜的理化环境。

（2）采用生理记录仪时，注意仪器接地。

（3）张力传感器与蛙心夹之间的细线应保持适宜的紧张度。

（4）双极刺激电极与心室接触良好的同时，还应尽量不让其阻碍心脏的自发收缩。

（5）实验操作中要严格掌握刺激时间和时段。

[**实验结果**]

1. 剪贴记录曲线，做好标记，并分析讨论（图 3-4-3）。

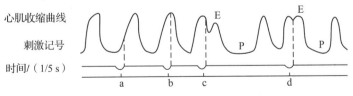

图 3-4-3　期前收缩与代偿间歇

E. 期前收缩；P. 代偿间隙

ab. 刺激落在有效不应期，无反应；

cd. 刺激都落在相对不应期，产生期前收缩与代偿间隙

2. 如果以刺激强度为横坐标，心脏收缩幅度为纵坐标，绘制心脏收缩强度曲线，该曲线应有何特点？为什么？

实验 3.5　蛙坐骨神经-腓肠肌标本中神经、肌肉兴奋时的电活动和肌肉收缩的综合观察

［实验目的］

学习离体标本多参数同步记录的实验方法；理解从神经兴奋开始到肌肉出现收缩所发生的生理事件及其相互关系。

［实验原理］

一个有效的刺激作用于神经-肌肉标本的神经到引起肌肉的收缩是一个极其复杂的生命过程。在神经-肌肉标本中经历了兴奋在神经纤维上的产生、传导，兴奋在神经-肌肉接头处的传递，肌纤维兴奋的产生、传导、兴奋-收缩耦联及肌丝相对滑行等一系列生理过程。这些活动过程关系如何，过去是很难展现和理解的，现在有了计算机生物信号采集处理系统不仅使我们能很好地观察它们的过程，而且可以进一步研究不同条件下它们变化的规律。

［实验对象］

蛙或蟾蜍。

［实验药品］

任氏液、高渗甘油。

［仪器与器械］

坐骨神经-腓肠肌标本屏蔽盒（可将蛙肌槽改装，加以屏蔽）、带电极的接线和用棉花做成的引导电极、计算机生物信号采集处理系统、普通剪刀、手术剪、眼科镊（或尖头无齿镊）、金属探针（解剖针）、玻璃分针、蛙板（或玻璃板）、蛙钉、细线、培养皿、滴管、双凹夹、滤纸片。

［实验方法与步骤］

1. 坐骨神经-腓肠肌标本的制备

见实验 3.1。

2. 连接实验装置

将标本的股骨固定在标本盒的股骨固定孔内。腓肠肌跟腱结扎线固定在张力换能器的弹簧片上。坐骨神经干置于刺激电极、接地电极和记录电极上，棉花引导电极放置在腓肠

肌上，接触良好。生物信号采集处理系统的第 1 通道与神经干动作电位引导电极连接；第 2 通道与腓肠肌动作电位引导电极连接；第 3 通道与换能器连接。系统的刺激输出与标本盒上的刺激电极相连。调节张力换能器高低，使肌肉的长度约为原长度的 1.2 倍，稳定后开始实验。

打开计算机生物信号采集处理系统，电刺激可采用单刺激或连续刺激（频率 30 Hz），刺激波宽 0.05 ms，根据需要选取刺激强度。各通道的增益视信号的大小而定。

3. 实验项目

（1）观察腓肠肌的单收缩　用一个阈上刺激去刺激坐骨神经，观察神经动作电位、腓肠肌动作电位和腓肠肌收缩曲线之间的关系。

（2）改变单个阈上刺激强度　观察上述各项记录指标。

（3）固定阈上刺激的强度，改变刺激频率　观察肌肉的单收缩、不完全强直和完全强直收缩时的上述各项记录指标。

（4）观察兴奋收缩耦联现象　用 0.5~1 s 的连续刺激刺激坐骨神经，将吸有甘油的棉花盖在腓肠肌上，每隔 30 s 刺激坐骨神经一次。观察经过几分钟后，只出现动作电位而不出现腓肠肌收缩。

［注意事项］

（1）制备标本时要防止损伤神经和肌肉组织，实验中要保持标本的湿润，以维持其兴奋性。

（2）要求接地良好，防止干扰。

［实验结果］

将观察到的结果描画或打印于实验报告上。

［思考题］

肌肉产生强直收缩时，动作电位是否发生融合？

实验 3.6　影响神经动作电位传导速度的因素（实验设计）

［设计要求］

动作电位的传导速度与动作电位产生的速度密切相关，都是以离子运动为基础的。要求在前面实验的基础上设计一个实验，证实当细胞外液的某些因素改变时会对动作电位在神经干上传导的速度产生影响。

［实验目的］

［实验原理］

［**实验对象**］

［**实验药品**］

［**仪器与器械**］

［**实验方法与步骤**］
（包括标本制备、连接实验装置及实验项目）

［**注意事项**］
（包括可能出现的问题，拟解决的办法）

［**实验结果**］

［**思考题**］
（可以引申思考的问题）

第4章　血液生理

实验4.1　红细胞比容的测定

[实验目的]

学习和掌握测定红细胞比容的方法。

[实验原理]

将定量的抗凝血灌注于特制的毛细玻璃管中，定时、定速离心后，有形成分和血浆分离，上层呈淡黄色的液体是血浆，中间很薄一层为灰白色，即白细胞和血小板(或栓细胞)，下层为暗红色的红细胞，彼此压紧而不改变细胞的正常形态。根据红细胞柱及全血高度，可计算出红细胞在全血中的容积比值，即为红细胞比容(压积)(图4-1-1)。

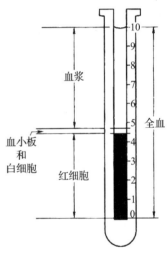

图4-1-1　血液各成分比容

[实验对象]

全血(动物种类不限)。

[实验药品]

抗凝剂(10 g/L肝素)、橡皮泥或半融化状态石蜡、凡士林、75%乙醇。

[仪器与器械]

毛细玻璃管(内径1.8 mm、长75 mm)或温氏分血管、酒精灯、水平式高速毛细管离心机(或普通离心机)、天平、注射器、长针头、干棉球、刻度尺(精确到mm)、试管。

[实验方法与步骤]

1. 微量毛细管比容法

(1)抗凝处理　以抗凝剂湿润毛细玻璃管内壁后吹出，让壁内自然风干或于60~80℃干燥箱内干燥后待用。

(2)取血　常规消毒，穿刺指(或尾)尖，让血自动流出，用棉球擦去第一滴血，待第二滴血流出后，将毛细玻璃管的一端水平接触血滴，利用虹吸现象使血液进入毛细玻璃管的2/3(约50 mm)处。

(3)离心　用酒精灯熔封或橡皮泥、石蜡封堵其未吸血端，然后封端向外放入专用的水平式毛细玻璃管离心机，以 12 000 r/min 离心 5 min。届时用刻度尺分别量出红细胞柱和全血柱高度(单位：mm)。计算其比值，即得出红细胞比容。

2. 温氏分血管比容法

(1)抗凝处理　取大试管和温氏分血管各一支，用抗凝剂处理后烘干备用。

(2)取血　可采取静脉取血或心脏取血，将血液沿大试管壁缓慢放入管内，用涂有凡士林的拇指堵住试管口，缓慢颠倒试管 2~3 次，让血液与抗凝剂充分混匀，并不能使血细胞破碎，制成抗凝血。

用带有长注射针头的注射器，取抗凝血 2 mL 将其插入温氏分血管的底部，缓慢放入，边放边抽出注射针头，使血液精确到 10 cm 刻度处。

(3)离心　以 3 000 r/min 离心 30 min，取出温氏分血管，读取红细胞柱的高度，再以同样的转速离心 5 min，再读取红细胞柱的高度，如果记录相同，该读数的 1/10 即为红细胞比容。

[**注意事项**]

(1)选择抗凝剂必须考虑到不能使红细胞变形、溶解。草酸钾使红细胞皱缩，而草酸铵使红细胞膨胀，二者配合使用可互相缓解。鱼类多用肝素抗凝。

(2)血液与抗凝剂混合、注血时应避免动作剧烈引起红细胞破裂。

(3)用抗凝剂湿润的毛细玻璃管(或温氏分血管)内壁要充分干燥。血液进入毛细玻璃管内的刻度读数要精确，血柱中不得有气泡。

[**实验结果**]

报告该实验动物的红细胞比容。并将全班的结果加以统计，用平均值±标准差表示。

[**思考题**]

1. 在哪些情况下，红细胞比容明显增加？

2. 测定红细胞比容时，一种常出现的误差来源是什么？误差倾向于增加还是减少？

3. 测定红细胞比容的实际意义是什么？

实验 4.2　血红蛋白含量的测定

[**实验目的**]

掌握用直接测定法和比色法测定动物的血红蛋白的含量。

[**实验原理**]

血红蛋白的颜色常与氧的结合量多少有关。但当用一定的氧化剂将其氧化时，可使其转变为稳定、棕色的高铁血红蛋白，而且颜色与血红蛋白(或高铁血红蛋白)的浓度成正比。可与标准色进行对比，求出血红蛋白的浓度，即每升血液中含血红蛋白克数(g/L)。

血红蛋白被高铁氰化钾氧化为高铁血红蛋白，后者再与氰离子结合形成稳定的氰化高铁血红蛋白(hemoglobin cyanide，HiCN)。HiCN 在波长 540 nm 和液层厚度 1 cm 的条件下具有一定毫摩尔消光系数。可用经校准的高精度分光光度计进行直接定量测定；或用 HiCN 标准液进行比色法测定，根据标本的吸光度即可求出血红蛋白浓度。

[实验对象]

血(动物种类不限)。

[实验药品]

HiCN 转化液(Van Kampen-Zijlstra 液，文齐氏液)或 1% HCl 溶液、HiCN 标准液(200 g/L)、蒸馏水、95%乙醇、乙醚、75%乙醇。

[仪器与器械]

血红蛋白计(或分光光度计)或沙里血红蛋白计、小试管、刺血针或注射器、移液器、干棉球。

[实验方法与步骤]

1. 使用血红蛋白计直接定量测定

(1)仪器的标定　XK-2 血红蛋白仪板面结构如图 4-2-1 所示。

①仪器底部的支撑架打开。

②打开电源开关，选择键置于测试挡。

③按一下进样键，将蒸馏水吸入，预热 30 min。

④预热后将文齐氏液吸入，仔细调"调零旋钮"使显示屏上的数字显示为零。

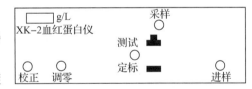

图 4-2-1　XK-2 血红蛋白板面结构

⑤校正：吸入标准液(仪器配备)后，缓缓旋转校正旋钮使显示屏上数字显示为已知的标准液的数值，定标即结束。以后调零和校正旋钮均不能动。

(2)定量测定

①在小试管中事先加入 HiCN 转化液 5 mL。

②取血：可吸取从动物的指(尾)端流出的第二滴血，也可取静脉血和心脏血。用移液器吸取血液(若是抗凝血，须注意摇匀后再吸取)20 μL。

③血红蛋白转化为氰化高铁血红蛋白：将移液器的枪头插入小试管 HiCN 转化液中，置血液于管底，再吸上清液 2~3 次，洗尽采血管内残存的血液。用玻璃棒轻轻搅动管内血液，使之与 HiCN 转化液混匀。试管需静止 5 min。

④将混合后的血液吸入血红蛋白仪，显示屏上的数字即为测定值，需稳定后方可读数(g/L)。

2. 使用 HiCN 标准液比色法测定

(1)标准曲线绘制和 K 值计算　　将标准 HiCN 液按梯度 50 g/L、100 g/L、150 g/L、200 g/L 进行稀释后(以此代表标准的血红蛋白浓度梯度),在波长 540 nm、光径 1.0 cm 条件下,分别测定各稀释液的吸光度(如分别测得 0.130、0.270、0.405、0.540),以标准血红蛋白含量为横坐标、吸光度为纵坐标,绘制标准曲线,或求出换算常数 K。

$$K = \sum 标准血红蛋白 = \frac{50 + 100 + 150 + 120}{0.130 + 0.270 + 0.405 + 0.540} = 371.75 \qquad (4.2\text{-}1)$$

(2)标本吸光度测定　　以上述同样的方法取血,并使血红蛋白转化为氰化高铁血红蛋白。然后以转化液作空白,测定标本吸光度 A。

通过标准曲线查出待测样本的血红蛋白浓度或用 K 值来计算血红蛋白浓度/(g/L),即

$$Hb = K \qquad (4.2\text{-}2)$$

3. 使用沙里血红蛋白计测定

沙里比色法是用 HCl 使血红蛋白酸化形成棕色的高铁血红蛋白,然后和标准比色板进行比色。

(1)沙里血红蛋白计　　主要具有标准褐色玻璃比色箱和一只方形刻度测定管组成。比色管两侧通常有两行刻度:一侧为血红蛋白量的绝对值,以 g/dL(每 100 mL 血液中所含血红蛋白的克数)表示,从 2~22 g;另一侧为血红蛋白相对值,以%(即相当于正常平均值的百分数)表示,从 10%~160%。为避免所使用的平均值不一致,因此一般采用绝对值来表示。

(2)具体测定方法

①用滴管加 5~6 滴 1% HCl 溶液到刻度管内(约加到刻度管下方刻度"2"或 10%处)。

②用移液器吸血 20 μL,仔细揩去吸管外的血液。

③将移液器枪头中的血液轻轻吹到比色管的底部,再吸上清液洗吸管 3 次。操作时勿产生气泡,以免影响比色。用细玻璃棒轻轻搅动,使血液与 HCl 充分混合,静置 10 min,使管内的 HCl 和血红蛋白完全作用,形成棕色的高铁血红蛋白。

④把比色管插入标准比色箱两色柱中央的空格中。

⑤使无刻度的两面位于空格的前后方向,便于透光和比色。用滴管向比色管内逐滴加入蒸馏水,并不断搅匀,边滴边观察、边对着自然光进行比色,直到溶液的颜色与标准比色板的颜色一致为止。

⑥读出管内液体面所在的克数,即是每 100 mL 血中所含的血红蛋白的克数。比色前,应将玻璃棒抽出来,其上面的液体应沥干净,读数应以溶液凹面最低处相一致的刻度为准。换算成每升血液中含血红蛋白克数(g/L)。

[注意事项]

(1)取血前要做好充分的消毒。

(2)血液要准确吸取 20 μL,若有气泡或血液被吸入移液器枪头则更换枪头,重新吸血。

(3)使用血红蛋白仪测定时，移液器枪头应插入试管底部，避免吸入气泡，否则会影响测试结果。仪器连续使用时，每隔4 h要观察一次零点，即吸入文齐试液，用"调零旋钮"使仪器恢复到零点。仪器用完后，关机前要用清洗液清洗，否则会影响零点的调整。

[实验结果]

报告该实验动物的血红蛋白浓度。并将全班的结果加以统计，用平均值±标准差表示。

[思考题]

1. 血红蛋白的含量与年龄有何关系？
2. 影响血红蛋白含量的主要因素是什么？

[附]

1. HiCN转化液：即文齐试液，有标准商品出售。也可以按如下方法配制：

高铁氰化钾[$K_3Fe(CN)_6$]200 mg，氰化钾(KCN)50 mg，无水磷酸二氢钾(KH_2PO_4)140 mg，TritonX-100 1.0 mL，蒸馏水加至1 000 mL。过滤后为淡黄色透明液体，pH 7.0～7.4，置有色瓶中加盖、冷暗处保存。如发现试剂变绿、变浑浊则不能使用。

2. 用分光光度计直接测定血红蛋白

(1)取血、血红蛋白转化和比色同前述1、2的方法，得到标本的吸光度A。

(2)根据标本吸光度A直接计算出血红蛋白浓度(g/L)：

$$Hb = \frac{A}{44} \times 64\ 458\ \text{mg} \div 1\ 000 \times 251 = A51 \tag{4.2-3}$$

式中，A为波长540 nm处标本吸光度；44为HiCN在波长540 nm、光径1.0 cm条件下的毫摩尔消光系数[L/(mmol·cm)]；64 458为Hb的毫克相对分子质量，即1 mmol/L Hb溶液中的Hb毫克数；1 000为将mg转变为g；251为血液稀释倍数。

因是通过分光光度计比色后直接计算出血红蛋白浓度，因此分光光度计的波长和光程必须准确、灵敏度要高、线性好、无杂光，否则会影响结果的准确性。故仪器的校正在测定中十分重要。

3. 上述介绍的几种方法中，以分光光度计直接测定和比色法测定血红蛋白较为精确，但对分光光度计的精密程度要求较高，分光光度计校正起来较为麻烦。沙里血红蛋白计测定操作简便，适用于基层单位，但准确性稍差。血红蛋白计操作较为简便，因有标准的商品试剂出售。

实验4.3 红细胞沉降率的测定

[实验目的]

学习和掌握测定红细胞沉降的方法。

[**实验原理**]

红细胞在循环血液中具有悬浮稳定性，但在血沉管中，会因重力逐渐下沉。通常以 1 h 末红细胞下降的距离作为沉降率的指标，简称血沉。血浆中的某些特性能改变红细胞的沉降率，因此血沉可作为某些疾病检测的指标之一。

[**实验对象**]

血(动物种类不限)。

[**实验药品**]

109 mmol/L 柠檬酸钠[柠檬酸钠($Na_3C_6H_5O_7$)32 g，溶于 1 000 mL 蒸馏水中]、75%乙醇。

[**仪器与器械**]

血沉管(可根据动物采取的血量选择不同长度的血沉管)、血沉架、试管、1 mL 移液管、刺血针、注射器及针头、带盖的小瓶、干棉球。

[**实验方法与步骤**]

1. 取血

做好消毒，静脉取血 1.6 mL，加入含 109 mmol/L 柠檬酸钠 0.4 mL 的抗凝管中，混匀。

2. 吸血

将混匀的抗凝血吸入血沉管中至刻度"K"处，擦去血沉管尖端外周的血液并将血沉管直立于血沉架上。

3. 观察结果

1 h 末，准确读出红细胞下沉后暴露出的血浆段高度，即为红细胞沉降率。

[**注意事项**]

(1)抗凝剂与血液比例为 1∶4，并充分混匀。

(2)血沉管放置要垂直，不得有气泡和漏血。

(3)最好在 18~25℃，并在采血后 2 h 内完成。

[**实验结果**]

报告该实验动物红细胞的沉降率。并将全班的结果加以统计，用平均值±标准差表示。

[**思考题**]

1. 决定红细胞沉降率的因素是什么?

2. 在什么情况下沉降率将升高?

3. 红细胞悬浮稳定性的原理是什么？

实验 4.4 红细胞脆性的测定

[实验目的]

学习测定红细胞渗透脆性的方法，理解细胞外液渗透张力对维持细胞正常形态与功能的重要性。

[实验原理]

正常红细胞悬浮于等渗的血浆中，若置于高渗溶液内，则红细胞会因失水而皱缩；反之，置于低渗溶液内，则水进入红细胞，使红细胞膨胀。如环境渗透压继续下降，红细胞会因继续膨胀而破裂，释放血红蛋白，称为溶血。红细胞膜对低渗溶液具有一定的抵抗力，这一特征称为红细胞的渗透脆性。红细胞膜对低渗溶液的抵抗力越大，红细胞在低渗溶液中越不容易发生溶血，即红细胞渗透脆性越小。将血液滴入不同的低渗溶液中，可检查红细胞膜对于低渗溶液抵抗力的大小。开始出现溶血现象的低渗溶液浓度，为该血液红细胞的最小抵抗力；开始出现完全溶血时的低渗溶液浓度，则为该血液红细胞的最大抵抗力。

生理学上将与血浆渗透压相等的溶液称为等渗溶液；而将能维持红细胞正常形态、大小和悬浮于其中的溶液称为等张溶液。等渗溶液不一定是等张溶液（如 1.99% 尿素溶液），但等张溶液一定是等渗溶液。

[实验对象]

血（动物种类不限）。

[实验药品]

1% 肝素、1% NaCl 溶液、蒸馏水。

[仪器与器械]

小试管（10 mL）、试管架、滴管、移液管（1 mL）。

[实验方法与步骤]

1. 溶液配制

取 10 个小试管，配制出 10 种不同浓度的 NaCl 低渗溶液（0.25%、0.3%、0.35%、0.4%、0.45%、0.5%、0.55%、0.6%、0.65%、0.9%）。

2. 制备抗凝血

不同动物采血方法各有所异，但多采用末梢血。将血滴在有 1% 肝素的表面皿上，混匀（1% 肝素 1 mL 可抗 10 mL 血）。

3. 加抗凝血

用滴管吸取抗凝血，在各试管中各加一滴，轻轻摇匀，静置 1~2 h。

4. 观察结果

根据各管中液体颜色和浑浊度的不同，判断红细胞脆性。

①未发生溶血的试管：液体下层有大量红细胞下沉，上层为无色透明，表明无红细胞破裂。

②部分红细胞溶血的试管：液体下层有红细胞下沉，上层出现透明淡红（淡红棕）色，表明部分红细胞已经破裂，称为不完全溶血。

③红细胞全部溶血的试管：液体完全变成透明红色，管底无红细胞下沉，表明红细胞完全破裂，称为完全溶血。

［实验结果］

1. 报告该实验动物红细胞的最小渗透抵抗力和最大渗透抵抗力。将全班的结果加以统计，并用平均值±标准差表示。

2. 讨论如何通过渗透脆性特征判断机体的健康状况。

［注意事项］

（1）小试管要干燥，加抗凝血的量要一致，只加一滴。

（2）混匀时，轻轻倾倒 1~2 次，减少机械振动，避免人为溶血。

（3）抗凝剂最好为肝素，其他抗凝剂可改变溶液的渗透性。

（4）配制不同浓度的 NaCl 溶液时应力求准确、无误。NaCl 溶液的浓度梯度可根据动物的实际情况适当进行调整。

［思考题］

1. 红细胞的形态与生理特征有何关系？

2. 根据结果分析血浆晶体渗透压保持相对稳定的生理学意义。

3. 输液时的注意事项有哪些？

实验 4.5　血细胞计数

［实验目的］

学习、掌握应用稀释法计数红细胞和白细胞的方法。

［实验原理］

血液中血细胞数很多，无法直接计数，需要将血液稀释到一定倍数，然后用血细胞计数板，在显微镜下计数一定容积的稀释血液中的红、白细胞数量，最后换算成每升血液中所含的红、白细胞数。

常用的血细胞计数板是改良牛鲍尔计数板(Neubauer)，为优质厚玻璃制成。每块计数板由"H"形凹槽分为两个同样的计数池(图 4-5-1)。计数池的两侧各有一个支持堤，比计数池高出 0.1 mm。计数池的长、宽各 3.00 mm，平均分成边长为 1 mm 的 9 个大方格。每个大方格容积为 0.1 mm³。在 9 个大方格中，位于四角的 4 个大方格是计数白细胞的区域。每个大方格又用单线分为 16 个中方格；位于中央的大方格用双线分成 25 个中方格，其中位于正中及四角的 5 个中方格是计数红细胞和血小板的区域。每个中方格又用单线分为 16 个小方格(图 4-5-2)。

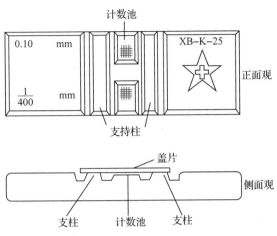

图 4-5-1　计数板的正面观和侧面观

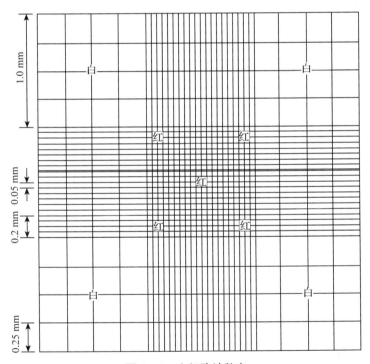

图 4-5-2　血细胞计数室

[实验对象]

血(动物种类不限)。

[实验药品]

蒸馏水、75%乙醇、95%乙醇、乙酸、1%氨水、血细胞稀释液(按如下方法配制)。

①哺乳动物红细胞稀释液：NaCl 0.5 g，$Na_2SO_4 \cdot 10H_2O$ 2.5 g，HgCl 0.25 g，加蒸馏水至 100 mL。也可用生理盐水作稀释液。

②哺乳动物白细胞稀释液：乙酸 1.5 mL，1%结晶紫 1 mL，加蒸馏水至 100 mL。

③鱼用血细胞稀释液：NaCl 0.7 g(在遇到病鱼或红细胞脆性较大的鱼易出现溶血现象时，NaCl 可调整到 0.7~0.8 g)，中性红 3 mg，结晶紫 1.5 mg，甲醛 0.4 mL，加蒸馏水至 100 mL。白细胞核被染成蓝色，红细胞核呈非常淡的浅灰色或基本不染色，红细胞形态基本不变，在显微镜下容易区分。此液有效期较长。

[仪器与器械]

显微镜、血细胞计数板(改良 Neubauer)、小试管、移液器、移液管(1 mL、5 mL)、玻璃棒、刺血针、干棉球、计数器。

[实验方法和步骤]

1. 采血与血液的稀释

(1)加稀释液 用 5 mL 移液管吸取红细胞稀释液 2 mL，加入一小试管中，备用。用 1 mL 移液管取白细胞稀释液 0.19 mL 加入另一小试管中，备用。

(2)采血 一般取动物的末梢血(或抗凝静脉血)，采血前需进行消毒。

(3)稀释 用移液器吸取 10 μL 血液，分别加至有红细胞稀释液和白细胞稀释液试管的底部，并用上清液清洗管内残留血液。分别摇动小试管，使稀释液与血液混匀。这样使红细胞稀释了 200 倍，白细胞稀释了 20 倍。

2. 充池(布血)

将盖玻片的一边与计数池的纵线末端接触，然后缓慢放下，使盖玻片平放在计数室两侧的隆起上(这样可赶走盖玻片下的空气)，用蘸有红细胞悬浮液的玻璃棒或吸管靠近盖玻片的前方边缘，靠毛细管作用将红细胞悬浮液充入计数池。室温中平放 3~5 min，待细胞下沉后显微镜下计数。若计数池未被布满，或过多以致使盖玻片浮动，或弄到盖玻片外面，都需重新充池(布血)。

3. 计数

于高倍镜下计数中间大方格内四角及中央的 5 个中方格内红细胞总数，或四周 4 个大方格内的白细胞数。计数视野的移动路线如图 4-5-3 所示。如果细胞压边线，则按数上不数下，数左不数右的原则进行。如果各中方格内的红细胞数相差 20 个以上(鱼类红细胞相对较少不应多于 10 个)，四周各大方格内的白细胞数相差 8 个以上，则说明血细胞分布不均匀，需摇动稀释液，重新充池(布血)。

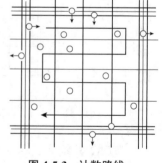

图 4-5-3　计数路线

4. 计算

(1)红细胞

$$红细胞数/L = N \cdot 200 \cdot 10 \cdot 10^6 \cdot 25 \cdot 5^{-1} = N \cdot 10^{10}$$

式中，N 为 5 个中方格内的红细胞数；$25 \cdot 5^{-1}$ 为将 5 个中方格红细胞数换算为一个大方格内红细胞数；10 为将一个大方格内红细胞数换算为 1 μL 血液内红细胞数；10^6 为 1 L = 10^6 μL；200 为血液稀释倍数。

（2）白细胞

$$白细胞数/L = N \cdot 4^{-1} \cdot 20 \cdot 10 \cdot 10^6 = N \cdot 5 \cdot 10^7$$

式中，N 为 4 个大方格内的白细胞数；$N \cdot 4^{-1}$ 为将 4 个大方格白细胞数换算为一个大方格内白细胞数；10 为将一个大方格内白细胞数换算为 1 μL 血液内白细胞数；10^6 为 1 L = 10^6 μL；20 为血液稀释倍数。

注：对于鱼类的白细胞计数，也可以采取与红细胞相同的方法进行。

5. 器械洗涤

（1）采血管　学生练习时，采血管可反复使用。当取血失败或计数完毕应立即按清水冲去血迹→蒸馏水 1~2 次→95% 乙醇 1~2 次→乙醚 1~2 次的顺序洗涤。

（2）血细胞计数板　只能用清水浸泡、漂洗和蒸馏水漂洗，然后以丝绢轻轻拭净（或滤纸吸干）。

［注意事项］

（1）取血操作应迅速，以免凝血。

（2）吸取血液时，移液器枪头中不得有气泡，吸血和稀释液的体积一定要准确。

（3）计数时，显微镜要放稳，载物台应置水平位，不得倾斜。一般在暗光下计数的效果较好。

［实验结果］

报告该实验动物的红细胞数和白细胞数。并对全班的结果加以统计，用平均值±标准差表示。

［思考题］

1. 稀释液装入计数板后，为什么要静置一段时间才开始计数？
2. 显微镜载物台为什么应置于水平位，而不能倾斜？
3. 分析影响计数准确性的可能因素。

实验 4.6　出血时间的测定

［实验目的］

学习出血时间的测定方法。

［实验原理］

出血时间是指小血管受到破损后血液流出至小血管封闭自行停止出血所需的时间，有时又称止血时间。止血的发生主要与小血管的收缩封住出血口，血小板黏附、聚集和释放血小板活性物质等一系列生理反应过程有关。观察出血时间是检测毛细血管功能和血小板数量及功能状态是否正常的简便而有效的方法。正常人出血时间为 1~4 min，出血时间延长见于血小板数量减少或毛细血管功能缺损等情况。

[实验对象]

小鼠。

[实验药品]

乙醚。

[仪器与器械]

小烧杯、乙醚棉球、剪毛剪、酒精棉球、采血针、滤纸片、秒表。

[实验方法与步骤]

用手将小鼠固定，将小鼠头部伸入盛有乙醚棉花的小烧杯 1~3 min，使小鼠麻醉；用剪毛剪剪去小鼠腿部被毛，并以酒精棉球消毒；用采血针刺入皮下，让血自动流出；立即记下时间，每隔 30 s 用滤纸轻触血液，吸去流出的血，使滤纸上的血滴依次排列，直到无血流出为止，记下出血时间，并与人的出血时间加以比较。

[注意事项]

(1) 将小鼠麻醉时，小鼠可能会挣扎，此时不要松手。
(2) 乙醚麻醉时间不要过长，以免造成小鼠死亡。
(3) 采血时应让血自然流出，不要挤压。

[实验结果]

报告该实验动物出血时间。并对全班的结果加以统计，用平均值±标准差表示。

[思考题]

1. 论述正常生理性止血过程。
2. 出血时间长短与哪种因素有关?

实验 4.7 凝血时间的测定

[实验目的]

学习凝血时间的测定方法。

[实验原理]

血液流出血管后，受到刺激的血小板就会释放出一系列凝血因子，使血中的纤维蛋白原转化成网状的纤维蛋白，血液发生凝固。测定凝血时间可反映血液本身的凝血因子是否缺乏或减少。

[实验对象]

150 g 鲤鱼。

[仪器与器械]

注射器、玻片、针、秒表。

[实验方法与步骤]

1. 取血

将鱼用湿布包住，侧卧于木板上，在鱼尾部(腹鳍和尾鳍之间)侧线下方用手去除少许鳞片，将注射器在侧线下方 1~2 mm 处垂直刺入肌肉，碰到脊椎骨后，稍往下方移动，插入尾静脉内，轻轻抽取注射器，让血在负压作用下自然流入注射器内。

2. 凝血时间观察

将注射器内的血小心注在事先准备好的玻片上，记下时间，每隔 30 s 用针尖挑血一次，直至挑起细纤维血丝为止。从开始出血到挑出细纤维血丝的时间即为凝血时间。

[注意事项]

(1)湿布包鱼时仅将身体部位包住，不要包到鳃，以免影响鱼呼吸。

(2)如一时抽不出血可轻轻转动注射器，直至血被抽出为止。

(3)针尖挑血应向一个方向直挑，不可多个方向挑动或挑动次数过多，以免破坏纤维蛋白网状结构，造成不凝血的假象。

[实验结果]

1. 报告该实验动物的凝血时间。并对全班的结果加以统计，用平均值±标准差表示。

2. 讨论血液凝固对机体的生理意义。

[思考题]

1. 论述测定出血时间和凝血时间的临床意义。

2. 出血时间长的患者凝血时间是否一定延长?

实验 4.8   影响血液凝固的因素

[实验目的]

以血液凝固时间作为指标，了解对血液凝固影响的因素，加深对生理止血过程的理解。

[实验原理]

血液凝固是一个酶的有限水解激活过程，在此过程中有多种凝血因子参与。根据凝血过程启动时激活因子来源不同，可将血液凝固分为内源性激活途径和外源性激活途径。内源性激活途径是指依靠血浆中的凝血因子激活因子 X 而产生的凝血。外源性激活途径是指受损的组织中的组织因子进入血管后，与血管内的凝血因子共同作用而启动的激活过程。

[实验对象]

兔。

[实验药品]

25%氨基甲酸乙酯、肝素(8 U/mL)、2%草酸钾溶液、0.025 mol/L CaCl$_2$ 溶液、生理盐水、液体石蜡、肺组织浸液(取兔肺剪碎，洗净血液，浸泡于 3~4 倍量的生理盐水中过夜，过滤收集的滤液即肺组织浸液，存冰箱中备用)。

[仪器与器械]

兔手术台、常规手术器械、动脉夹、动脉插管(或细塑料导管)、注射器、试管(8 支)、小烧杯(2 个)、试管架、竹签(1 束)(或细试管刷)、秒表。

[实验方法与步骤]

1. 取血

静脉注射 25%氨基甲酸乙酯(按 5 mL/kg)将兔麻醉，仰卧固定于兔手术台上。正中切开颈部，分离一侧颈总动脉，远心端用线结扎阻断血流，近心端夹上动脉夹。在动脉正中斜向剪一小切口，插入动脉插管(或细塑料导管)，结扎导管以备取血。

2. 准备好下列试管

(1)试管 1   不加任何处理(对照管)。

(2)试管 2   用液体石蜡润滑整个试管内表面。

(3)试管 3   放少许棉花。

(4)试管 4   置于有冰块的小烧杯中。

(5)试管 5   加肝素 8 U。

(6)试管 6   加草酸钾 1~2 mL。

（7）试管 7　加肺组织浸液 0.1 mL。

（8）试管 8　脱纤维蛋白血液。

3. 实验项目

①脱纤维蛋白血液制备：放开动脉夹，每管加入血液 2 mL。将多余的血盛于小烧杯中，并不断用竹签搅动直至纤维蛋白形成，取出纤维蛋白，将该血液取 2 mL 加入试管 8 中。

②记录凝血时间：每管加入血液 2 mL 后，即刻开始计时，每隔 15 s 试管倾斜 1 次，观察血液是否凝固，至血液成为凝胶状不再流动为止，记录所经历的时间。5~7 号试管加入血液后，用拇指盖住试管口将试管颠倒 2 次，使血液与药物混合。

③如果加肝素和草酸钾的试管不出现血凝，可再向两管内分别加入 0.025 mol/L CaCl$_2$ 溶液 2~3 滴，观察血液是否发生凝固？

［注意事项］

（1）采血的过程要尽量快，以减少计时的误差。对比实验的采血时间要紧接着进行。

（2）判断凝血的标准要力求一致。一般以倾斜试管达 45°时，试管内血液不见流动为准。

（3）每支试管口径大小及采血量要相对一致，不可相差太大。

［实验结果］

将实验结果及各种条件下的凝血时间按表 4-8-1 填写，并进行比较、分析解释产生差异的原因。

表 4-8-1　血液凝固及其影响因素

实验管号	实验处理	凝血时间
1	不加任何处理（对照管）	
2	用液体石蜡润滑整个试管内表面	
3	放少许棉花	
4	置于有冰块的小烧杯中	
5	加肝素 8 U	
6	加草酸钾 1~2 mL	
7	加肺组织浸液 0.1 mL	
8	脱纤维蛋白血液	

［思考题］

1. 血液凝固的机制及影响血凝的外界因素是什么？

2. 为什么有几管不凝？为什么有几管比对照组管凝血时间长？为什么有几管比对照管凝血时间短？

实验 4.9　ABO 血型鉴定和交叉配血实验

[实验目的]

观察红细胞凝集现象；学习 ABO 血型鉴定方法，掌握血型鉴定原理。

[实验原理]

ABO 血型是根据红细胞表面存在的凝集原决定的。存在 A 凝集原的称为 A 血型，存在 B 凝集原的称为 B 血型，两种凝集原都有的为 AB 型，两种凝集原都没有的为 O 型。而血清中还存在凝集素，当 A 凝集原与抗 A 凝集素相遇或 B 凝集原与抗 B 凝集素相遇时，会发生红细胞凝集反应。一般 A 型标准血清中含有抗 B 凝集素，B 型标准血清中含有抗 A 凝集素，因此可以用标准血清中的凝集素与被测者红细胞反应，以确定其血型。

同种动物不同个体的红细胞凝集称为同族血细胞凝集作用。不同动物的血液互相混合有时也可产生红细胞凝集，称为异族血细胞凝集作用。对于动物的天然血型抗体了解不多，而且免疫效价也很低，所以同种动物第一次输血，一般不会引起严重后果。但第二次输血就必须进行交叉配血试验，才能决定是否能相互输血。

[实验对象]

正常人。

[实验药品]

A 型、B 型标准血清。

[仪器与器械]

双凹玻片、采血针、竹签、酒精棉球、干棉球、玻璃蜡笔(记号笔)、尖头滴管、显微镜。

[实验方法与步骤]

1. ABO 血型的鉴定

(1)取双凹玻片一块，在两端分别标上 A 和 B，中央标记受试者的号码。

(2)在 A 端和 B 端的凹面中分别滴上相应标准血清少许。

(3)酒精棉球消毒中指指端，用采血针刺破指端，用消毒后的尖头滴管吸取少量血(也可用红细胞悬浮液)，分别与 A 端和 B 端凹面中的标准血清混合，放置 1~2 min 后，可肉眼观察有无凝血现象，肉眼不易分辨的用显微镜观察。

根据有无凝集现象判断血型(图 4-9-1)。

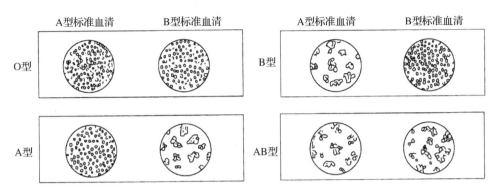

图 4-9-1 ABO 血型鉴定示意图

2. 交叉配血实验

①分别对供血者和受血者消毒、静脉取血，制备成血清和红细胞悬浮液。红细胞悬浮液是将受检者的血液一滴，加入装有生理盐水约 1 mL 的小试管中，即为 2% 红细胞悬浮液。加盖备用。

②取双凹玻片一块，在两端分别标上供血者和受血者的名称或代号，分别滴上他们的血清少许。

③将供血者的红细胞悬浮液吸取少量，滴到受血者的血清中（主侧配血，图 4-9-2）；
将受血者的红细胞悬浮液吸取少量，滴入供血者的血清中

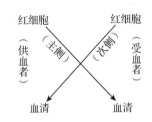

（次侧配血），混合。放置 10~30 min 后，肉眼观察有无凝集现象，肉眼不易分辨的用显微镜观察。如果两次交叉配血均无凝集反应，说明配血相合，能够输血。如果主侧发生凝集反应，说明配血不合，无论次侧配血如何都不能输血。如果仅次侧配血发生凝集反应，只有在紧急情况下才有可能考虑是否输血。

图 4-9-2 交叉配血实验示意图

[注意事项]

(1) 指端、采血针和尖头滴管务必做好消毒准备。做到一人一针，不能混用。使用过的物品(包括竹签)均应放入污物桶，不得再次采血。

(2) 待消毒部位自然风干后再采血，血液容易聚集成滴，便于取血。取血不宜过少，以免影响观察。

第5章　血液循环生理

实验 5.1　蛙心起搏点观察

[实验目的]

用结扎法观察两栖类动物心脏的起搏点和心脏不同部位传导系统的自动节律性高低。

[实验原理]

心脏的特殊传导系统具有自动节律性，但各部分节律性高低不同。两栖类动物的心脏起搏点是静脉窦（哺乳动物的是窦房结）。正常情况下，静脉窦（窦房结）的自律性最高，能自动产生节律性兴奋，并依次传到心房、房室交界区、心室，引起整个心脏兴奋和收缩，因此静脉窦（窦房结）是主导整个心脏兴奋和搏动的正常部位，称为正常起搏点；其他部位的自律组织仅起着兴奋传导作用，若阻断心脏的正常传导，它们也可起到起搏点的作用，故称潜在起搏点。

[实验对象]

蛙或蟾蜍。

[实验药品]

任氏液。

[仪器与器械]

蛙板、蛙类常用手术器械、蛙钉、玻璃分针、秒表、滴管。

[实验方法与步骤]

1. 实验准备

在体蛙心的制备见实验3.4。

2. 实验项目

（1）观察蛙心各部分收缩的顺序　重温蛙心脏的结构，从心脏背面观察静脉窦，心房和心室的跳动，记录每分钟的收缩次数（次/min），注意它们的跳动次序。

（2）斯氏第一结扎　分离主动脉两分支的基部，用眼科镊在主动脉干下引一根线，将蛙心心尖翻向头端，暴露心脏背面，在静脉窦和心房交界处的半月形白线（即窦房沟）处将预先穿入的线做一结扎（即斯氏第一结扎，图5-1-1）以阻断静脉窦和心房之间的传导。观察蛙心各部分的搏动节律有何变化，并记录各自的跳动频率（次/min）。待心房、心室复跳后，再分别记录心房、心室的复跳时间和蛙心各部分的搏动频率（次/min），比较结扎前后有何变化？

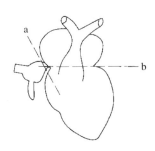

图 5-1-1　斯氏结扎部位
a. 第一结扎；b. 第二结扎

（3）斯氏第二结扎　第一结扎完成后，再于心房与心室之间（即房室沟）用线做第二结扎（即斯氏第二结扎，图 5-1-1）。结扎后，心室停止跳动，而静脉窦和心房继续跳动，记录其各自的跳动频率（次/min）。经过较长时间的间隔后，心室又开始跳动，记录心室复跳时间及蛙心各部分的跳动频率（次/min）。

[注意事项]

（1）结扎前要认真识别心脏的结构。

（2）结扎部位要准确地落在相邻的交界处，结扎时用力逐渐增加，直到心房或心室搏动停止。

（3）斯氏第一结扎后，若心室长时间不恢复，进行斯氏第二结扎则可能使心室恢复跳动。

[实验结果]

记录并分析各项结果。

[思考题]

1. 正常情况下，两栖动物（或哺乳动物）的心脏起搏点是心脏的哪一部分？它为什么能控制潜在起搏点的活动？

2. 斯氏第一结扎后，房室搏动发生了什么变化，为什么？

3. 斯氏第二结扎后，房室搏动发生了什么变化，为什么？

4. 如何证明两栖动物心脏的起搏点是静脉窦？

实验 5.2　鱼类心脏的期前收缩与代偿间歇

[实验目的]

学习鱼类心脏活动曲线的描记方法；验证心动周期中心脏兴奋性变化的规律及有效不应期的特点。

[实验原理]

鱼类的心脏与其他动物的心肌一样，其兴奋后具有较长的不应期。同样在心脏的收缩期和舒张早期，任何刺激均不能引起心肌兴奋与收缩，而在心脏舒张早期以后，正常节律性兴奋到达之前，给心脏施加一个阈上刺激就能引起一次提前出现的心肌收缩，称为期前收缩或额外收缩。同理，期前收缩也有一个较长的不应期，因此，如果下一次正常的窦性节律性兴奋到达时，正好落在期前收缩的有效不应期内，就不能引起心肌收缩。这样，期前收缩之后往往出现一个较长时间的间歇期，称为代偿间歇。

[实验对象]

黄鳝或鲤鱼、鲫鱼等鱼类。

[实验药品]

任氏液、鱼肌松剂(妥开利或箭毒)、间氨基苯甲酸乙酯甲磺酸盐(MS-222)、鱼心脏灌流液。

[仪器与器械]

滴管、蛙类常用手术器械、玻璃分针、木条板、大头钉、蛙心夹、蛙心套管、细钢丝、纱布、双极刺激电极、橡皮泥或电极支架、铁支架、计算机生物信号采集处理系统(或生理记录仪、刺激器)、张力换能器。

[实验方法与步骤]

1. 标本的制备

(1)在体黄鳝心脏标本

①破坏脑和脊髓：用纱布裹住黄鳝的身体，露出头。从枕骨与脊椎交界处剪断脊柱(不要太深，以免剪断腹面的血管)，此时可见白色脊髓。用一细钢丝插入椎管，前后移动，顺势深入(插入椎管的感觉是钢丝前进时有阻力)，可见钢丝所到处的肌肉松弛。钢丝插入深浅视鱼体大小而定，约为峡部(两鳃盖之间的部位)到肛门长度的 1/2~3/4。

②观察黄鳝的心脏构造：黄鳝的心脏属于一心房(耳)，一心室(图 5-2-1)。从心脏的

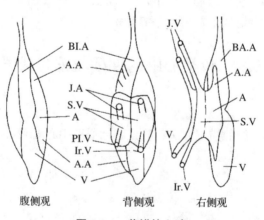

腹侧观　　背侧观　　右侧观

图 5-2-1　黄鳝的心脏

BI. A. 动脉球；A. A. 心耳垂；J. V. 颈静脉；V. 心室；

S. V. 静脉窦；A. 心房；PI. V. 肝静脉；Ir. V. 肾间静脉

腹面可以看到圆锥形、肌肉壁肥厚、收缩有力的心室。在心室的前方有一球形的膨大，称为动脉球。动脉球的壁含有丰富的弹性纤维，具有很大的弹性，动脉球背侧及两侧被心房的附属物——上心耳(房)垂包裹着。动脉球向前延伸为腹主动脉。用玻璃分针将心脏拨向一侧，可以看到心脏的背侧面，从背面可以看到心房(耳)。黄鳝的心房呈"H"形，壁薄，它的中央部分在静脉窦的腹侧面，在前面和后面两个方向上有两对附属物称为心耳(房)垂，上心耳(房)垂包在动脉球的背外侧，下心耳(房)垂位于心室的背外侧面。心房的腹壁只有一个房室孔与心室相通。

静脉窦位于心房的背侧面，是一个壁薄并呈长形的囊，其背侧壁折叠形成一条很浅的纵行沟，将静脉窦的背侧表面分成两等份。右颈静脉和肾间静脉开口于静脉窦右边背侧部分，它们几乎是头尾相接，在同一个纵向方向上平行进入静脉窦，左颈静脉和肝静脉以同样的方式开口于静脉窦的左边。静脉窦通过横向的窦房孔与心房相通。

③在心室舒张期将一连有细线的蛙心夹夹住心尖备用。

(2)鲤鱼、鲫鱼等鱼类离体心脏标本的制作　将鱼肌松剂(妥开利或箭毒)肌内注射 0.1~0.4 mg/kg 或用 MS-222 麻醉之后，侧卧在搪瓷盘中。用粗剪刀剪断围心腔的肩带和舌基骨一并除去，剪开心包膜暴露心脏。分离出动脉球和腹主动脉，另一根线打一活结备用(图 5-2-2)。

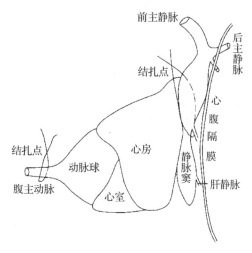

图 5-2-2　鲤鱼心脏左侧观

用眼科剪在心腹隔膜后方剪开进入静脉窦的静脉，放血，用鱼用心脏灌流液冲去血液，以棉球蘸干(也可不进行此步)。提起结扎线将动脉球固定，并在动脉球上剪一向心的斜行切口，将充有鱼用心脏灌流液的蛙心套管插入动脉球并向前伸入心室。将套管内的血液吸出，并用鱼用心脏灌流液洗数次，束紧备用的活结，固定套管。剪断腹主动脉，提起套管，提起心脏，用线尽量远离静脉窦将其血管结扎。在结扎外方剪断各组织，此时心脏完全离体，借灌流液而正常搏动，即可开始实验。

2. 仪器的连接

按图 5-2-3(或图 5-2-4)，将蛙心夹上的细线与张力换能器相连，让心脏搏动信号传入生理记录仪或计算机生物信号采集处理系统输入通道。将双极刺激电极与心室接触良好并固定稳妥后，与刺激器的刺激输出连接。

若使用生理记录仪，刺激器与记录仪分开时，还需将刺激器的触发信号输入二道生理记仪的标记外接，以作为刺激标记。

3. 实验项目

(1)描记正常心搏曲线，观察曲线的收缩相和舒张相。

(2)用中等强度的单个阈上刺激分别在心室收缩期或舒张早期刺激心室，观察能否引起期前收缩。

(3)用同等强度的单个阈上刺激在心室舒张早期之后的不同时段刺激心室，观察有无

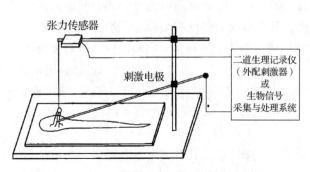

图 5-2-3 在体黄鳝心脏期前收缩与
代偿间歇实验仪器装置连接图

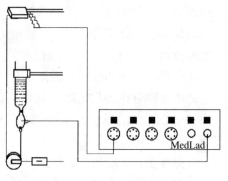

图 5-2-4 离体心脏期前收缩与
代偿间歇实验装置图

期前收缩出现。

(4)以上刺激若能引起期前收缩,观察其后有无代偿间歇出现。

[注意事项]

(1)常给心脏滴加灌流用的生理盐水,以保持心脏适宜的理化环境。

(2)采用生理记录仪时,注意仪器接地。

(3)张力传感器与蛙心夹之间的细线应保持适宜的紧张度。

(4)双极刺激电极与心室接触良好的同时,还应尽量不让其阻碍心脏的自发收缩。

(5)谨防灌流液沿丝线流入张力传感器内而损坏其电子元件。

[实验结果]

剪贴记录曲线,做好标记,并分析讨论。

[思考题]

1. 实验结果说明心肌有哪些特性?

2. 在什么情况下,期前收缩之后可以不出现代偿间歇?

3. 心肌的有效不应期较长有何生理意义?

4. 心肌的有效不应期可以测定吗? 如何测定?

实验 5.3 心脏灌流

[实验目的]

学习(蛙、鱼)离体心脏灌流方法;观察 Na^+、K^+、Ca^{2+}、H^+、肾上腺素、乙酰胆碱等因素对心脏活动的影响。

[实验原理]

心脏的正常节律性活动需要一个适宜的内环境(如 Na^+、K^+、Ca^{2+} 等的浓度及比例、

pH 值和温度），而内环境的变化则直接影响心脏的正常节律性活动。在体心脏还受交感神经和迷走神经的双重支配，交感神经末梢释放去甲肾上腺素，使心肌收缩力加强，传导速度加快，心率加快；迷走神经末梢释放乙酰胆碱，使心肌收缩力减弱，心肌传导速度减慢，心率减慢。将失去神经支配的离体心脏保持在适宜的理化环境中（如任氏液），在一定时间内仍能产生自动节律性兴奋和收缩。而改变任氏液的组成成分，离体心脏的活动就会受到影响。

[实验对象]
蛙或黄鳝（其他鱼类也可）。

[实验药品]
任氏液、0.65% NaCl、2% $CaCl_2$、1% KCl、3% 乳酸、1∶10 000 肾上腺素溶液、1∶10 000 乙酰胆碱溶液等。

若用鱼类心脏作实验对象，灌流液需用鱼类的生理盐水（介绍两种）：

（1）Jaeger（1965） NaCl 6.0 g，KCl 0.12 g，$CaCl_2$ 0.14 g，$NaHCO_3$ 0.2 g，$NaH_2PO_4 \cdot 2H_2O$ 0.01 g，葡萄糖 2 g，加蒸馏水 1 L。

（2）山本（1949，适用于鲻鱼、鲤鱼、鲫鱼等） 0.75% NaCl，0.02% KCl，0.02% $CaCl_2$，0.002% $NaHCO_3$。

[仪器与器械]
计算机生物信号采集处理系统（或生理记录仪）、张力换能器、蛙类常用手术器械一套、玻璃分针、蛙板、蛙钉、蛙心插管、蛙心夹、试管夹、滴管（7 支）、试剂瓶（7 个）、烧杯、双凹夹、万能支架、细线；若采用黄鳝为实验动物，还需细钢丝、木板条、纱布。

[实验方法与步骤]
1. 标本的制备
（1）离体蛙心标本制备（斯氏蛙心插管法） 取蟾蜍一只，按实验 3.4 中介绍的方法打开胸腔，暴露心脏。在主动脉干下方穿双线，一条在左主动脉上端结扎做插管时牵引用；另一根在动脉球上方打一活结备用（用于结扎和固定插管）。

玻璃分针将心脏向前翻转，在心脏背侧找到静脉窦，在静脉窦以外的地方做一结扎（切勿扎住静脉窦），以阻止血液继续回流心脏（也可不进行此操作）。

左手提起左主动脉上方的结扎线，右手持眼科剪在左主动脉根部（动脉球前端）沿向心方向剪一斜口，将盛有少许任氏液、大小适宜的蛙心插管由此开口处轻轻插入动脉球。当插管尖端到达动脉球基部时，应将插管稍向后退（因主动脉内有螺旋瓣会阻碍插管前进），并将插管尾端稍向右主动脉方向及腹侧面倾斜，使插管尖端向动脉球的背部后方及心尖方向推进，在心室收缩时经主动脉瓣进入心室（图 5-3-1）。注意插管不可插得过深，插管的斜面应朝向心室腔，以免插管下口被心

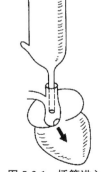

图 5-3-1 插管进入
心室示意图

室壁堵住。

若插管中任氏液面随心室的收缩而上下波动，则表明插管进入心室，可将动脉球上已准备好的线结扎紧，并固定于插管侧面的钩上，以免蛙心插管滑出心室。剪断结扎线上方的血管，轻轻提起插管和心脏，在左右肺静脉和前后腔静脉下引一细线并结扎，于结扎线外侧剪去所有相连的组织则得到离体蛙心。此步操作中应注意静脉窦不受损伤。最后，用任氏液反复换洗插管内的任氏液，直到插管中无残留血液为止。此时，离体蛙心标本制备成功，可供实验。

（2）离体黄鳝心脏标本制备　以鱼类为实验材料，一般采用黄鳝（其他鱼类离体心脏标本制作见实验 5.2）。

①按实验 5.2 的方法，暴露黄鳝的心脏。在动脉球下方穿两根线（图 5-3-2）。一根在腹主动脉上结扎并留下线头，便于剪动脉球和插管时有一支撑点。另一根线打一活结备用。

②左手拉住腹主动脉上结扎线头，于动脉球上剪一小口，将装有鱼用生理盐水的蛙心套管插入动脉球，并顺势推入心室，此时可以看到套管内的液面随心脏搏动而上下移动。用滴管不断更换套管中的灌流液，冲洗心室直至没有血液为止，束紧备用线连同套管尖端一起结扎，并将线头系在套管壁上的小突起上，达到固定作用。最后剪断腹主动脉，提起心脏用线尽量远离静脉窦将其他血管结扎。在结扎外方剪断各组织。此时心脏完全离体，借灌流液而正常搏动。

2. 连接实验装置

按图 5-3-3 将蛙心插管固定于支架上，在心室舒张时将连有一细线的蛙心夹夹住心尖，并将细线以适宜的紧张度与张力换能器相连。张力传感器的输出线与计算机生物信号采集处理系统或生理记录仪的输入通道相连。

3. 实验项目

（1）正常对照　记录心脏在只有任氏液（鱼用生理盐水）时的收缩曲线，观察心率及收缩幅度，并将其作为正常对照。

（2）Na⁺ 的作用　用吸管吸出插管中的任氏液（鱼用生理盐水）后，换以等量的 0.65%

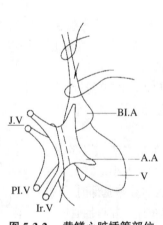

图 5-3-2　黄鳝心脏插管部位

J. V. 颈静脉；A. A. 心耳垂；PI. V. 肝静脉；
Ir. V. 肾间静脉；V. 心室；BI. A. 动脉球

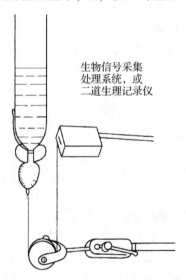

图 5-3-3　蛙心灌流的记录仪描记装置

NaCl 溶液，记录并观察心跳的变化。有变化出现时，应立即将插管内液体吸出，并以等量任氏液换洗 2～3 次，至心跳恢复正常。

（3）Ca^{2+} 的作用 将 1～2 滴 2% 的 $CaCl_2$ 溶液加入灌流液中，记录并观察心跳变化。有变化出现时，应立即以等量任氏液换洗数次，至心跳曲线恢复正常。

（4）K^+ 的作用 将 1～2 滴 1% KCl 溶液加入灌流液中，记录并观察心跳变化。有变化出现时，应立即以等量任氏液换洗数次，至心跳曲线恢复正常。

（5）肾上腺素的作用 将 1～2 滴 1：10 000 肾上腺素溶液加入灌流液中，记录并观察心跳变化。有变化出现时，应立即以等量任氏液换洗数次，至心跳曲线恢复正常。

（6）乙酰胆碱的作用 将 1～2 滴 1：10 000 乙酰胆碱溶液加入灌流液中，记录并观察心跳变化。有变化出现时，应立即以等量任氏液换洗数次，至心跳曲线恢复正常。

（7）酸的作用 将 1～2 滴 3% 乳酸加入灌流液中，记录并观察心跳变化。有变化出现时，应立即以等量任氏液换洗数次，至心跳曲线恢复正常。

[注意事项]

（1）制备离体心脏标本时，勿伤及静脉窦。

（2）蛙心夹应在心室舒张期一次性夹住心尖，避免因夹伤心脏而导致漏液。

（3）每一观察项目都应先描记一段正常曲线，然后加药并记录其效应。加药时应在心跳曲线上予以标记，以便观察分析。

（4）各种滴管应分开，不可混用。

（5）在实验过程中，插管内灌流液面高度应保持恒定；仪器的各种参数一经调好，应不再变动。

（6）给药后若效果不明显，可再适量滴加，并密切注意药物剂量添加后的实验结果。给药量必须适度，加药出现变化后，就应立即更换任氏液，否则会造成不可挽回的后果，尤其是 K^+、H^+ 稍有过量，即可导致难以恢复的心脏停搏。

（7）标本制备好后，若心脏功能状态不好（不搏动），可向插管内滴加 1～2 滴 2% $CaCl_2$ 或 1：10 000 肾上腺素溶液，以促进（起动）心脏搏动。在实验程序安排上也可考虑促进和抑制心脏搏动的药物交替使用。

（8）谨防灌流液沿丝线流入张力传感器内而损坏其电子元件。

[可能出现的问题与解释]

问题 1. 插管插入后，管中的液面不能随心脏搏动而波动，或波动幅度较小。

解释：插管插到了主动脉的螺旋瓣中，未进入心室；插管插到了主动脉壁肌肉和结缔组织的夹层中；插管尖端抵触到心室壁；插管尖端被血凝块堵塞。

问题 2. 插管后，心脏不跳动。

解释：心室或静脉窦受损；插管尖端伸入心室太多；或尖端太粗，心脏太小（鱼类容易出现）影响心室的收缩；心脏机能状态不好。

[实验结果]

剪贴记录曲线，并对实验结果进行分析讨论。

[思考题]

1. 正常蛙心搏动曲线的各个组成部分分别反映了什么？
2. 根据心肌生理特性分析各项实验结果。
3. 以上实验结果归纳起来，说明了什么问题？

实验 5.4　微循环的观察

[实验目的]

学习用显微镜或图像分析系统观察蛙肠系膜微循环内各血管及血流状况；了解微循环各组成部分的结构和血流特点；观察某些药物对微循环的影响。

[实验原理]

微循环是指微动脉和微静脉之间的血液循环，是血液和组织液进行物质交换的重要场所。经典的微循环包括微动脉、后微动脉、毛细血管前括约肌、真毛细血管网、通血毛细血管、动静吻合支和微静脉等部分。

由于蛙类的肠系膜组织很薄，易于透光，可以在显微镜下或利用图像分析系统直接观察其微循环血流状态、微血管的舒缩活动及不同因素对微循环的影响。

在显微镜下，小动脉、微动脉管壁厚，管腔内径小，血流速度快，血流方向是从主干流向分支，有轴流(血细胞在血管中央流动)现象；小静脉、微静脉管壁薄，管腔内径大，血流速度慢，无轴流现象，血流方向是从分支向主干汇合；而毛细血管管径最细，仅允许单个细胞依次通过。

[实验对象]

蛙或蟾蜍。

[实验药品]

任氏液、20%氨基甲酸乙酯、1∶10 000 去甲肾上腺素溶液、1∶10 000 组胺溶液。

[仪器与器械]

显微镜或计算机微循环血流(图像)分析系统、有孔蛙板、蛙类手术器械、蛙钉、吸管、注射器(1 mL、2 mL)。

[实验方法与步骤]

1. 实验准备

取蛙或蟾蜍一只，称重。在尾骨两侧进行皮下淋巴囊注射 20%氨基甲酸乙酯(3 mg/g)，10~15 min 进入麻醉状态。用大头针将蛙腹位(或背位)固定在蛙板上，在腹部侧方做一纵行切口，轻轻拉出一段小肠祥，将肠系膜展开，小心铺在有孔蛙板上，用数枚大头针将其固定(图 5-4-1)。

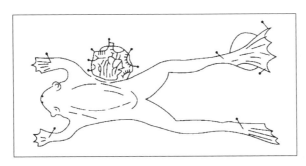

图 5-4-1　蛙肠系膜标本固定方法

2. 实验项目

(1)在低倍显微镜下，识别动脉、静脉、小动脉、小静脉和毛细血管(图 5-4-2)，观察血管壁、血管口径、血细胞形态、血流方向和流速等有何特征？图像经摄像头进入计算机微循环血流(图像)分析系统，对微循环血流做进一步分析。

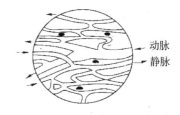

图 5-4-2　蛙肠系膜微循环的观察

(2)用小镊子给予肠系膜轻微机械刺激，观察此时血管口径及血流有何变化？

(3)用一小片滤纸将肠系膜上的任氏液小心吸干，然后滴加几滴 1∶10 000 去甲肾上腺素溶液于肠系膜上，观察血管口径和血流有何变化？出现变化后立即用任氏液冲洗。

(4)血流恢复正常后，滴加几滴 1∶10 000 组胺溶液于肠系膜上，观察血管口径及血流变化。

[**注意事项**]

(1)手术操作要仔细，避免出血造成视野模糊。

(2)固定肠系膜不能拉得过紧，不能扭曲，以免影响血管内血液流动。

(3)实验中要经常滴加少许任氏液，防止标本干燥。

[**实验结果**]

根据实验的观察，对微循环血流情况加以描述，并加以分析。

[**思考题**]

1. 低倍镜下如何区分小动脉、小静脉和毛细血管？各血管中血流有何特点？如何与生理机能相适应？

2. 试解释不同药物引起血流变化的机制。

实验 5.5 观察交感神经对血管和瞳孔的作用

[**实验目的**]
了解交感神经对兔耳小动脉管壁平滑肌以及对眼扩瞳肌的作用。

[**实验原理**]
交感神经中枢经常处于紧张性活动中，其紧张性冲动可通过交感神经传到血管平滑肌和扩瞳肌，引起血管收缩和瞳孔扩大。如果切断交感神经，则其所支配的血管显著扩张，瞳孔缩小。

[**实验对象**]
兔。

[**实验药品**]
1∶10 000 肾上腺素溶液、生理盐水。

[**仪器与器械**]
计算机生物信号分析处理系统(或生理记录仪)、保护电极、手术器械、兔手术台。

[**实验方法与步骤**]

1. 实验准备

将兔背位固定于手术台上，剪去颈部及耳部被毛。在非麻醉状态下，自颈部正中线纵行切开皮肤，钝性分离颈部肌肉，暴露气管。分离气管双侧交感神经，在其下方穿双线备用。如果不易判断，可用电刺激来观察兔耳血管的变化情况进行判定(图 5-5-1)。手术完毕后将兔松开，经 15~20 min 后进行下列实验观察。

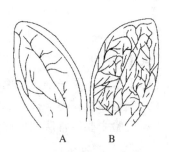

图 5-5-1 兔耳血管的反应
A. 刺激交感神经时的兔耳血管；
B. 切断交感神经后的兔耳血管

2. 连接实验装置

将保护刺激电极与计算机生物信号采集处理系统(或刺激器)的刺激输出连接。

3. 实验项目

(1)在光亮处比较两耳血管的粗细，并用手触摸其温度有无差别，比较两瞳孔的大小。

(2)结扎一侧交感神经，并在近中端将其切断，比较两耳血管粗细有何变化？瞳孔有无变化？用手触摸其温度有无差异？为什么？

(3)用中等强度的电刺激刺激已切断的交感神经外周端，观察同侧兔耳小动脉有何变化？瞳孔有何变化？

（4）静脉注射 1：10 000 肾上腺素溶液 1 mL，观察两侧兔耳血管和瞳孔有何变化？

［注意事项］

若此兔在短时间内不再进行其他实验，则在手术及实验过程中应注意消毒，实验后伤口应进行抗菌处理，伤口处可撒上青霉素粉，再行缝合。

［实验结果］

分析讨论所观察到的现象。

［思考题］

1. 切断一侧交感神经后，两耳血管、耳温及瞳孔有何变化？为什么？

2. 用中等强度电刺激交感神经外周端，同侧兔耳小动脉有何变化？瞳孔有何变化？为什么？

3. 注射肾上腺素后，结果又将如何？为什么？

［附］

也可用离体蛙眼观察肾上腺素（Ed）对蛙眼扩瞳肌的作用：取蛙一只，用粗剪刀于口角处，经过听囊将蛙的上颌连同颅盖骨一并剪下，立即放在瓷盘中，用滴管吸取 1：10 000 肾上腺素溶液 1 滴，滴在蛙的一只眼的瞳孔上（图 5-5-2），与对侧眼的瞳孔相对照，观察其有何变化。

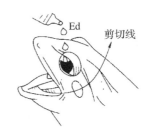

图 5-5-2　Ed 对蛙眼扩瞳肌的影响

实验 5.6　禽与哺乳动物的心电图描记

［实验目的］

学习描记禽与哺乳动物心电图的方法；熟悉禽和哺乳动物正常心电图的波形并了解其生理意义。

［实验原理］

心肌在兴奋时首先出现电位变化，并且已兴奋部位和未兴奋部位的细胞膜表面存在着电位差，当兴奋在心脏传导时，这种电位变化可通过心肌周围的组织和体液等容积导体传至体表。将测量电极放在体表规定的两点即可记录到由心脏电活动所致的综合性电位变化。该电位变化的曲线称为心电图。

体表两记录点间的连线称为导联轴，心电图是心电向量在相应的导联轴上的投影。心电图波形的大小与导联轴的方向有关，与心脏的舒缩活动无直接关系。导联的选择有 3 种：①标准的肢体导联，是身体两点间的电位差，简称标Ⅰ（左、右前肢间，左正右负）、

Ⅱ(右前肢，左后肢，左正右负)、Ⅲ(左前后肢，前负后正)导联(图5-6-1)。②单极加压导联，左、右前肢及左后肢3个肢体导联上各串联一个5 kΩ的电阻，共接于中心站，此中心站的电位为0，以此作为参考电极；另一电极分别置于左、右前肢和左后肢，分别称为aVR(右前肢)、aVL(左前肢)、aVF(左后肢)。③单极胸导联，仍以上述的中心电站为参考电极，探测电极置于胸前。常规的有 $V_1 \sim V_6$ 共6个部位(图5-6-2)。

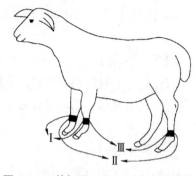

图 5-6-1　羊标Ⅰ、Ⅱ、Ⅲ心电导联图

当心脏的兴奋自窦房结(或静脉窦)产生后，沿心房扩布时在心电图上表现为"P"波；兴奋继续沿房室束浦肯野纤维向整个心室扩布，则在心电图上出现"QRS"波群，此后整个心室处于去极化状态没有电位差，然后当心脏开始复极化时，产生"T"波(图5-6-3)。

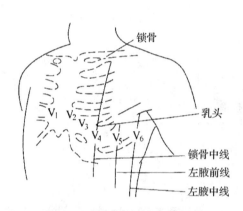

图 5-6-2　胸导联电极安放示意图

V_1. 胸骨右缘第4肋间；V_2. 胸骨左缘第4肋间；

V_3. 第2~第4肋间的中点；V_4. 左锁骨中线第5肋间；

V_5. 左腋前线第5肋间；V_6. 左腋中线第5肋间

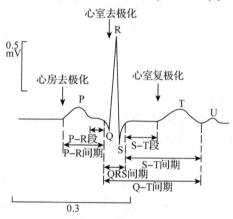

图 5-6-3　正常体表心电图

[实验对象]

家鸽(禽)，兔(或羊)。

[实验药品]

10% NaCl 溶液、乙醚。

[仪器与器械]

心电图机(或生理记录仪)、或计算机生物信号采集处理系统、动物手术台或保定架、蛙板、粗砂纸、记录针形电极(或注射针头)、棉花、纱布、分规。

[实验方法与步骤]

1. 动物的保定与电极的安放

（1）鸽　将鸽子背位固定于解剖台上，用单夹型鸟头固定器固定其头部，用束带将双肢固定于解剖台的侧柱上（图 5-6-4）。对双翼和后肢进行剪毛、消毒。取两针形电极分别插入左右双翼（相当于肩部）的皮下，双肢的电极则需插入股部外侧下。胸前导联电极按下列顺序连接：自胸前龙骨突正中线最顶端的上缘向下 1.5 cm 处为起点，由起点向左侧外侧 1.5 cm 处为 V_1；V_1 再向外侧 1.5 cm 为 V_3。由于鸟类的心脏胸骨面解剖特点几乎全部为右心室外壁的

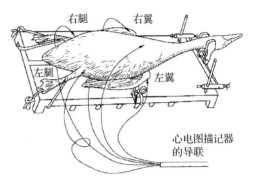

图 5-6-4　单夹型鸟头固定器及心电各导联部位示意图

解剖特点，V_5 应在左翼的腋后线外下部 1.5 cm 处。以针形电极分别插入以上各点的皮下，即可得到 V_1、V_3、V_5 的心电图。

（2）兔　将清醒兔背位固定于解剖台上，底下垫以橡皮毯以排除干扰。对四肢进行剪毛、消毒。前肢的两针形电极分别插入肘关节上部的前臂皮下，后肢两针形电极分别插入膝关节上部的大腿皮下。动物在开始固定时会出现较大的挣扎，通常需安静 20 min 左右方可进行心电图描记。胸前导联可参照人的相应部位连接。

（3）羊　预先训练羊，使其在实验期间能保持安静站立。4 个电极分别装于四肢的掌部和跗部。在装电极前，先将该部分的毛剃去，用酒精棉球擦拭后，涂上导电糊（或覆盖一浸透 10% NaCl 溶液的棉球），然后将电极扎紧并连导线。待动物安静 20 min 后，即可测定心电图。

2. 连接实验装置

（1）心电图机连接　用 5 种不同颜色的导联线插头分别与动物体的相应部位的针形电极连接：左黄、右红（鸡双翼的两电极相当于上肢部位，也为左黄、右红）；后肢：左绿、右黑；胸前为白。

（2）心电图描记　将心电Ⅰ导联线插头插入计算机生物信号采集处理系统的输入、刺激输出的插口处，打开心电导联窗口进行心电图描记。

3. 实验项目

（1）确定走纸速度　一般为 25 mm/s。但某些动物心率过快时（如兔、鼠、鸡等），可将走纸变速开关调至 50 mm/s。

（2）定标　重复按动 1 mV 定标电压按钮，使描记笔向下移动 10 mm，记录标准电压曲线。

（3）记录心电图　旋动导联选择开关，依次记录Ⅰ、Ⅱ、Ⅲ、aVR、aVL 和 aVF 6 个导联的心电图。

（4）测量波形　测量Ⅱ导联 P 波、QRS 波群、T 波群和 P-Q 间期、Q-T 间期，心脏活动每一个心动周期的记录正好是心电图的 5 个波形（图 5-6-5）。

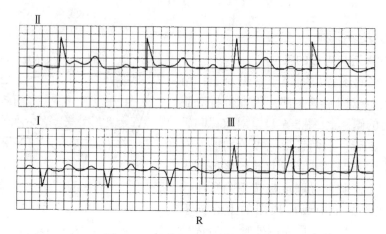

图 5-6-5　山羊标准肢体导联心电图

[注意事项]

(1)在清醒动物上进行心电图描记必须保证动物处于安静状态,否则动物挣扎,肌电干扰极大。应在固定动物且稳定一定时间后,再进行描记心电图。

(2)针形电极与导线应紧密连接,防止因出现松动产生 50 Hz 干扰波。

(3)在每次变换导联时必须先切断输入开关,然后开启。每换一次导联,均须观察基线是否平稳及有无干扰,如有干扰,须调整或排除后再做记录。

(4)仪器使用完毕后,应擦净并将每个操作钮恢复原位,最后切断电源。

[实验结果]

1. 剪贴心电图曲线。

2. 测量、分析各种动物的心电图,测量若干个 R-R(或 P-P)间期,求其平均值,即为一个心动周期的时间(s)。

3. 计算心率(次/min):

$$心率 = \frac{60}{P\text{-}P \ 或 \ R\text{-}R \ 间隔时间}$$

4. 统计全班结果,用平均值 ± 标准差表示心动周期和心率。

[思考题]

1. 心电图记录在科研中有何意义?

2. I 导联记录到的正常心电图中的每个波及间期有何意义?

实验 5.7　心血管活动的神经体液调节

[实验目的]

学习记录哺乳动物动脉血压的直接测量方法，并观察神经-体液因素对心血管活动的调节。

[实验原理]

在正常生理情况下，心血管活动受神经、体液和自身机制的调节。

心脏受交感神经和副交感神经的支配，心交感神经兴奋时，心率加快，心肌收缩力加强，心内兴奋传导加快，心输出量增加，动脉血压升高。心迷走神经兴奋时，使心率减慢，心房肌收缩力减弱，房室传导减慢，从而使心输出量减少，动脉血压下降。在神经调节中以颈动脉窦-主动脉弓的减压反射尤为重要，当动脉血压升高时，压力感受器发放冲动增加，通过中枢反射性引起心率减慢，心肌收缩力减弱，心输出量下降，血管舒张和外周阻力降低，使血压降低。反之，当动脉压下降时，压力感受器发放冲动减少，神经调节过程又使血压回升。支配血管的交感缩血管神经兴奋时，使血管收缩，外周阻力增加，动脉血压升高。

兔的压力感受器的传入神经在颈部从迷走神经分出，自成一支，称为减压神经，其传入冲动随血压变化而变化。

心血管活动还受肾上腺素和去甲肾上腺素等体液因素的调节。它们对心血管的作用既有共性，又有特殊性。关键取决于心、血管壁上哪一种受体占优势。肾上腺素对 α 与 β 受体均有激活作用，去甲肾上腺素主要激活 α 受体而对 β 受体作用很小，因而使外周阻力增加，动脉血压升高，但对心脏的作用要比肾上腺素弱。

[实验对象]

兔。

[实验药品]

生理盐水、20%氨基甲酸乙酯(或3%戊巴比妥钠)、肝素(500 U)、1∶10 000 去甲肾上腺素(或1∶10 000 肾上腺素)溶液、1∶10 000 乙酰胆碱溶液。

[仪器与器械]

计算机生物信号采集处理系统(或生理记录仪、刺激器)、兔手术台、手术器械、气管插管、动脉夹、动脉套管、血压换能器、保护电极、棉线、纱布、棉球、注射器(2 mL、10 mL、50 mL)、支架、双凹夹。

[实验方法与步骤]

1. 实验准备

(1)麻醉和固定 兔称重后,耳缘静脉缓慢注射20%氨基甲酸乙酯(500 U/kg)或3%戊巴比妥钠(1 mL/kg)进行麻醉。当动物四肢松软,呼吸变深变慢,角膜反射迟钝时,表明动物已被麻醉,即可停止注射。将麻醉的兔仰卧位固定于兔手术台上。

(2)分离颈部神经、血管和插入气管插管 颈部剪毛,沿颈部正中线切开皮肤5~7 cm,用止血钳钝性分离皮下组织及浅层肌肉,暴露和分离气管;分离左、右两侧颈总动脉(左颈总动脉尽量分离长些,以做动脉插管用),当向头端追索到甲状软骨上缘,可见左颈动脉分支为颈外和颈内动脉,在颈内动脉基部有一膨大处,为颈动脉窦;分离右侧的迷走神经、交感神经和减压神经。在分离的气管、颈总动脉及神经下方各穿一不同颜色的线备用。并在减压神经下放一钩状记录电极,实验过程中将电极悬空(但不要拉得过紧)。将神经周围的皮肤提起做一皮兜,在神经表面滴38℃液体石蜡,以防止神经干燥,并起到绝缘效果。

(3)进行气管插管。

(4)分离内脏大神经(此步也可放在刺激内脏大神经前进行) 将动物右侧卧位,在腰三角做一长4~5 cm的斜行切口,逐层分离至腹膜处,从左侧腹后壁(或沿腹中线切开皮肤)找到左肾,并将左肾向下推压,在其右上方可见一浅黄色黄豆粒大小的肾上腺。沿肾上腺上方可见内脏大神经(图5-7-1),小心分离主干,在其下方穿一丝线,并安放好保护电极备用。

(5)插动脉插管 做插管手术前,经耳缘静脉注射肝素(500 U/kg),在左侧颈总动脉插入动脉插管。

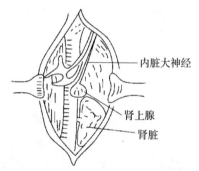

图 5-7-1 兔左侧内脏大神经的解剖图

内脏大神经
肾上腺
肾脏

2. 连接实验装置

(1)生理记录仪 将血压换能器固定在支架上,并与生理记录仪的血压放大器输入端相连。调整记录仪,对血压放大器定标。校正选择调至13.3 kPa(100 mmHg),灵敏度高于50,记录笔上移2 cm。

(2)计算机生物信号采集处理系统 将动脉插管通过三通管与血压换能器连接,血压换能器与计算机生物信号采集处理系统的压力通道连接,刺激电极与系统的刺激输出连接,减压神经的记录电极导线与系统的一个通道连接。

启动计算机生物信号采集处理系统,按系统程序提示进行血压信号定标,调整放大增益。

3. 实验项目

(1)记录正常情况下减压神经放电波形和动脉血压波形,观察二者变化关系。

注意观察减压神经的群集性放电与血压的波动是否同步?每一群集性放电持续时间?血压正常值是多少?同时辨认血压波的一级波和二级波、三级波(图5-7-2):一级波(心搏

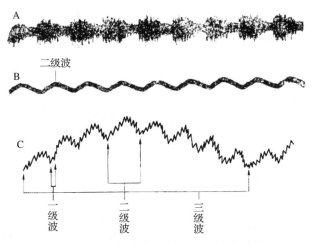

图 5-7-2 兔颈总动脉的血液曲线(示波器记录)

A. 减压神经放电；B. 血压；C.B 的放大展开

波），由心室舒缩活动所引起的血压波动，心缩时上升，心舒时下降，其频率与心率一致；二级波（呼吸波），由呼吸运动所引起的血压波动，吸气时血压先下降，继而上升，呼气时血压先上升，继而下降，其频率与呼吸频率一致；三级波，不常出现，可能由心血管中枢的紧张性活动的周期变化所致。

（2）夹闭颈总动脉　用动脉夹夹闭右侧颈总动脉 10~15 s，观察血压与减压神经放电的变位在出现一段明显变化后，突然放开动脉夹，血压又有何变化？

（3）牵拉颈总动脉　手持左侧颈总动脉上的远心端结扎线，向心脏方向快速牵拉 3 s。观察血压与减压神经放电的变化。若持续牵拉，血压与减压神经放电会有何变化？

（4）静脉注射乙酰胆碱　待血压基本稳定后，由耳缘静脉注入 1∶10 000 乙酰胆碱溶液 0.2~0.3 mL，观测血压与减压神经放电的变化。注意动脉血压降低至何种程度时，群集型放电才减少或完全停止及其恢复过程（图 5-7-3）。

图 5-7-3 兔减压神经放电与动脉血压的关系(示波器记录)

A. 注射肾上腺素后（1∶10 000）1 mL 10~15 s 后，血压上升，减压神经放电增加，最后变为持续发放；B. 注射乙酰胆碱（1∶10 000）0.5 mL 15~19 s 后，血压下降，减压神经放电频率逐渐渐少最后停止

(5)静脉注射去甲肾上腺素 血压基本稳定后，由耳缘静脉注入 1∶10 000 去甲肾上腺素溶液 0.2~0.3 mL，观测血压与减压神经放电变化。注意何时冲动发动增多？何时分辨不出群集形式？直到血压继续增加而发动冲动的频率不再增加(图 5-7-4)。

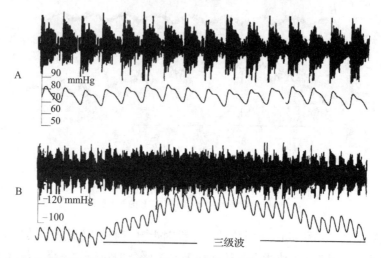

图 5-7-4 兔减压神经放电与动脉血压的关系(计算机生物信号采集处理系统记录)

A. 减压神经放电与血压同步记录；

B. 注射去甲肾上腺素对血压和减压神经放电的影响

(6)刺激迷走神经外周端 待血压基本稳定后，结扎并剪断右侧迷走神经，电刺激迷走神经外周端，观察血压和心率的变化。待血压变化明显时停止刺激。

(7)刺激内脏大神经 待血压基本稳定后，用保护电极刺激内脏大神经，观察血压和心率的变化。注：刺激前需分离内脏大神经。

(8)刺激减压神经 在血压基本恢复正常后，双重结扎减压神经，并在两结扎线中间剪断主神经，分别用中等强度电流刺激减压神经的中枢端和外周端，并同时做标记。观察心率与血压变化，待血压出现较明显变化后，停止刺激。

(9)失血 待血压基本稳定后，调节三通管使动脉插管 50 mL 注射器相通，放血50 mL。之后立即用肝素生理盐水将插管内血液冲回兔体内，以防动脉插管内凝血，并做标记，观察记录心率与血压的改变。

[**注意事项**]

(1)本实验麻醉应适量，麻醉药注射速度要慢，同时注意呼吸变化，以免过量引起动物死亡。如果实验时间过长，动物苏醒挣扎，可适量补充麻醉药物。

(2)仪器和动物要接地，并注意适当的屏蔽。

(3)每观察一个项目，必须待血压和心率恢复正常后，才能进行下一个项目。

(4)每次静脉注射完药物后，应立即推注 0.5 mL 生理盐水，以防止药液残留在针头内及局部静脉中而影响下一种药物的效应。

(5)实验中注射药物较多，要注意保护耳缘静脉。

(6)实验结束后，必须结扎颈总动脉近心端后再拔除动脉插管。

[实验结果]

剪贴各项记录曲线，每项实验记录必须包括实验前的对照、实验开始的标记及实验项目的注释，比较各种处理前后血压和减压神经前后有何变化，分析血压和减压神经放电之间存在何种关系(见图5-7-3、图5-7-4)。

[思考题]

1. 正常血压曲线的一级波、二级波及三级波各有何特征？其形成机制如何？

2. 动物动脉血压是怎样形成的？如何受神经体液调节？

3. 短时间夹闭右侧颈总动脉(未插管一侧)对全身的血压和心率有何影响？若夹闭部位在颈动脉窦上，影响是否相同？

4. 试分析以上各种实验因素引起动脉血压和心率变化的机制。

5. 如何证明减压神经是传入神经？

[附]

此实验也可选用鸭、鸡、鹅作实验对象，现将标本制备简要介绍如下：

须增加一个禽类固定台(图5-7-5)。

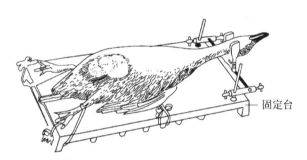

图5-7-5 简易单夹型鸟头固定器及固定台

(1)麻醉和固定 取一只鸭称重，氨基甲酸乙酯溶液按3.5~4 mL/kg做腹腔注射，约15 min麻醉奏效后背位或侧位固定。

(2)分离颈部两侧迷走神经 从喉下部2 cm处沿正中线切开皮肤，分离胸舌骨肌，再沿气管侧壁分离其结缔组织。在气管两侧的结缔组织中可见到一根粗的白色神经，即迷走神经。用玻璃分针将其分离2~2.5 cm，在其下穿一根线备用，用浸透生理盐水的棉球覆盖，防止干燥。

(3)分离颈动脉 如图5-7-6所示，在食管侧面找到颈动脉，分离出来，下面穿一根线备用。

(4)动脉插管插入 剪去股部羽毛。先用手摸出股二头肌和股肌膜张肌的肌间沟，用镊子夹住股部皮肤，沿肌间沟切开皮肤3~4 cm，再用止血钳钝性分离，在约1 cm深处可看到纵行的股动脉、股静脉和与它们平行的坐骨神经(图5-7-7)。用弯头眼科镊轻轻分离出股动脉，在其下穿双线，将股动脉提起，此时要特别注意血管分支，最好进行结扎剪

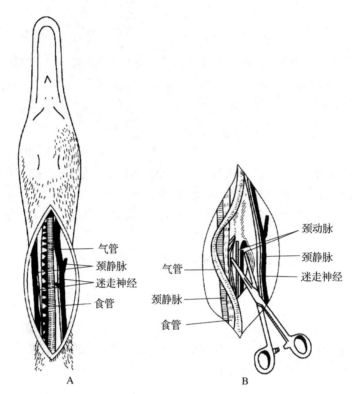

图 5-7-6 鸭颈部的动脉、静脉及迷走神经(A)及放大图(B)

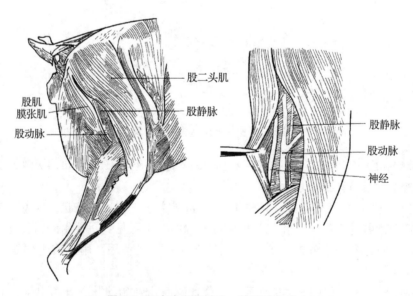

图 5-7-7 鸟类股部动脉、静脉及血管

断。在远心端进行结扎,近心端用套有乳胶套膜的动脉夹夹住股动脉。在动脉夹和远心端结扎之间,用眼科剪向近心端剪一斜口,将装有肝素的动脉插管插入,结扎并固定。

(5)实验项目 可参考上述实验内容。

实验 5.8   影响心输出量的因素(实验设计)

[设计要求]

心输出量是衡量心脏功能的重要指标。心输出量是指一侧心室每分钟射出的血量,等于每搏输出量与心率的乘积。心输出量的多少取决于每搏输出量的多少和心率的快慢。每搏输出量反映了心肌收缩力与做功的大小,可受前负荷、后负荷及心肌收缩能力等因素的影响。本实验拟用离体蟾蜍(或豚鼠等)心脏,在消除神经反射对心率的影响后,可保持心率基本恒定。因此,主要考虑每搏输出量对心输出量的影响。

心室收缩前负荷是心肌尚未收缩时所遇到的阻力,与心室舒张末期容积(充盈量)直接有关。在一定范围内,回心血量增加,心室舒张末期容积增加,心肌收缩开始前受到的前负荷增加,使心肌纤维初长度拉长,每搏输出量也增加,心肌开始收缩受到的总外周阻力(大动脉血压)即是后负荷。后负荷如大动脉血压增加时,心室壁收缩期张力增大,做功增加。

心肌收缩力是指心肌内在收缩机制改变所引起的收缩力量的改变,与前、后负荷无关,而且可受去甲肾上腺素、乙酰胆碱等神经递质和体液因素的影响。

现要求根据上述原理,设计一实验来探讨前负荷、后负荷及心肌收缩能力改变对每搏输出量的影响(可是某一单个或多个因素),并对心脏功能进行评价。

[实验目的]

[实验原理]

要求在上述原理的基础上,进一步阐述拟采用的实验方法和技术路线的理论根据(即通过什么仪器和技术实现引起心输出量改变的因素? 如何评价心脏泵血功能)。

[实验对象]

[实验药品]

[仪器与器械]

[实验方法与步骤]

现介绍两种离体心脏灌流标本的制备方法供参考:

1. 离体蛙心双管灌流标本的制备

(1)取蛙(或蟾蜍)破坏脑和脊髓,背位固定于蛙板上,剪开胸壁,暴露心脏,分离两侧主动脉,用线结扎右主动脉后再在左主动脉下穿一根线备用。

（2）用蛙心夹夹住心尖，将心脏轻轻提起，用已备的左主动脉下方的线，绕过左、右前腔静脉，左、右肺静脉结扎，于结扎外围远心端剪断（也可分别结扎剪断，见图3-4-1、图5-8-1）。

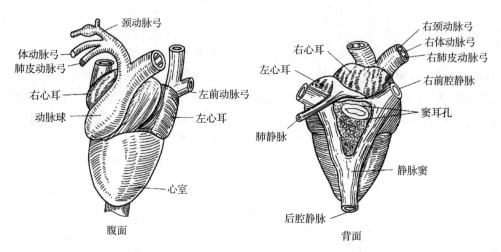

图 5-8-1　蛙心解剖图

用玻璃分针将心脏翻向头端，用线结扎左、右肝静脉（勿伤及静脉窦），于结扎外围远心端剪断。在后腔静脉（最粗的一根）下穿一线，打一活结备用。用眼科剪沿向心方向剪一斜口，将装有灌流液的静脉插管插入，用备用线结扎固定在管壁上防止滑脱。插管尾端经橡皮管连一贮液瓶上。

（3）把心脏翻转过来，在左主动脉上剪一小口，向心脏方向插入动脉插管（或细塑料管），用备用线结扎固定。插管尾端经橡皮管连一小玻璃滴管，固定在支架上，以便收集心脏搏出的灌流液。

（4）旋开灌注胶管上的螺旋水夹，使任氏液流入心脏，将心脏内的血液冲净后，立即将水夹关小，以防贮液瓶中的溶液过多地流出（图5-8-2）。通过调整贮液瓶高低，可控制左心房的负荷。调整动脉插管的长短和高低，可控制左心室的后负荷。

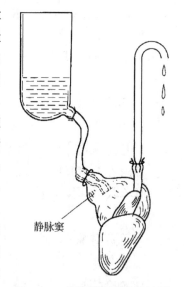

图 5-8-2　离体蛙心双管灌流图

2. 豚鼠（兔、猫）离体心脏灌流标本的制备

（1）取豚鼠一只，用木棒击昏（兔、猫应全身麻醉），迅速打开胸腔，暴露心脏，于下腔静脉注入肝素（1 000 U/kg）。

（2）剪断肺动脉，做主动脉插管，用氧饱和任氏液恒流泵进行逆行性灌流。

（3）从肺根部穿线结扎双侧肺静脉，剪去肺。

（4）于左心房处开口，插入静脉插管，插管与恒压贮液瓶相连。

（5）将心脏完全游离取出，移入保温灌流器中。逆行灌流10～15 min后，待心律规则后，改为顺方向灌流。

(6)通过调整贮液瓶高低，可控制左心房的负荷。调整动脉插管的长短和高低，可控制心室的后负荷。

[**注意事项**]

[**实验结果**]
根据功的计算公式：

$$W = P \cdot V$$

即： 心脏每搏功(g·cm) = 总外阻力(cmH$_2$O) × 每搏输出量(mL)
心脏每搏功的大小，反映了心脏收缩力量的大小。

第6章 呼吸生理

实验 6.1 大鼠离体肺静态顺应性的测定

[实验目的]
学习、掌握肺顺应性的测定方法；加深理解肺顺应性和肺泡表面张力之间的关系。

[实验原理]
肺顺应性是指肺在外力作用下的可扩张性，它是衡量肺弹性阻力的一个指标。肺顺应性与肺弹性阻力呈反向关系，弹性阻力大者扩张性小，即顺应性小；相反，弹性阻力小者则顺应性大。肺顺应性可用单位跨肺压引起的肺容积变化来表示。因肺容量背景不同其肺顺应性的特点也不同，故以不同跨肺压所引起肺容积变化的关系曲线，即肺顺应性曲线来反映肺顺应性或肺弹性阻力。实验在离体肺上进行，模拟分段屏气下测定肺的压力–容积变化，并绘制成曲线。

肺弹性阻力主要来源于肺泡内表面少量液体的表面张力和肺内弹性纤维的弹性回缩力，若分析此两种作用，可向肺内充气或充水，分别测其压力–容积曲线，因为充气时肺泡内存在气–液界面，而充水时不存在此界面，故测出的压力–容积曲线不同。

[实验对象]
大鼠。

[实验药品]
20%氨基甲酸乙酯、生理盐水。

[仪器与器械]
哺乳动物手术器械、肺顺应性实验装置（该装置的连接导管用一次性输液器）、注射器（10 mL 上连一个 20 cm 的细塑料管）、玻璃平皿、滴管、棉线。

[实验方法与步骤]
1. 气管–肺标本制备

取大约 250 g 的大鼠，用过量氨基甲酸乙酯（5 mL/kg）麻醉致死，沿前胸正中线切开皮肤，在胸骨剑突下剪开腹壁并向两侧扩大创口，在肋膈角处刺破膈肌使肺萎陷，然后向两侧剪断膈肌与胸壁的联系，再沿萎缩的肺缘剪断两侧胸壁直至锁骨，除去剪下的胸前壁，分离剪断肺底部与膈肌联系的组织。
然后，在颈部分离气管，在甲状软骨下剪
断，向下分离并剪断与之联系的组织，直
到气管–肺标本全部从胸腔中游离出来，最
后剪掉附着的心脏。在整个手术过程中，
所用金属器械不可与肺组织接触，以免造
成肺或气管损伤而发生漏气，标本游离后
放在一个玻璃平皿内用生理盐水冲去血迹，
在气管断缘处插入一"Y"形插管，用棉线结
扎牢固，至此完成标本制备。

2. 连接实验装置

按照图 6-1-1 将肺标本连于肺顺应性测
定装置上。

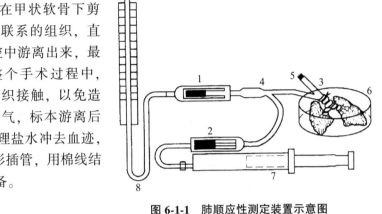

图 6-1-1 肺顺应性测定装置示意图
1、2. (输液管上用的)调节器；3、4. "Y"形管；
5. 顶盖；6. 平皿；7. 注射器；8. 水检压计

3. 实验项目

(1)向肺内注入空气做压力-容积曲线 肺组织放在有少量生理盐水的玻璃平皿内，
打开调节器 1、2 及"Y"形插管 3 的顶盖 5，将注射器抽入 10 mL 空气后，关闭顶盖 5，便
可进行实验。通过螺旋推进器向检测系统中缓慢注入空气，使水检压计稳定在 0、4、8…
各段水平处，分别记录各压力水平时的注入空气容积，每一压力水平的维持都需要进一步
注入少量气体，越是高水平压力，注入空气越多，达到稳定所需时间也越长，一般需要
4~5 min。在压力达到 2.35 kPa (24 cmH_2O) 时开始抽气，按 2.35 kPa(24 cmH_2O)、1.96
kPa(20 cmH_2O)、1.57 kPa(16 cmH_2O)、1.176 kPa(12 cmH_2O)各阶段依次使检压计的压
力下降，待压力稳定后记录各水平注射器内的空气容积。每一压力水平也需要进一步抽气
而得以稳定，压力越低达到稳定所需时间越长。在整个实验过程中不断向标本上滴加生理
盐水，保持标本湿润。将所得各压力水平的空气容积减去检压计液柱升高的容积(预先测
算好)即是进入肺内气体容积，将结果记入表 6-1-1 内。

(2)向肺内注入生理盐水做压力-容积曲线 首先将测压系统内充满水并排出空气。
用针头上连有塑料管的注射器从水减压计开口处伸入并注入清水，待水流至"Y"形插管 4
处关闭调节器 1，并抽出检压计中零点以上的水，使其液面恰在零点处。然后把装置中的
注射器充满生理盐水，打开"Y"形插管 3 上的顶盖 5，使管道内充满生理盐水并排出气泡，
盖上顶盖。向肺内注入和抽出生理盐水，重复 3~5 次，以冲洗出气管中的分泌物和气泡，
打开顶盖将冲洗液和气泡排出，接着关闭顶盖，然后向玻璃平皿内倒入生理盐水深达 3 cm
左右，调节平台使玻璃平皿中的液面与水检压计零点同高。开放调节器 1 使系统内压力为
0 Pa，这时关闭调节器 2，再将注射器内充入生理盐水 10 mL，连入系统即可进行实验。
与上述实验一样向肺内分阶段注入和抽出生理盐水，将每一压力水平的容积变化记录在
表 6-1-1 内，所不同者是压力变化的阶段以 98.1 Pa(1 cmH_2O)，196.2 Pa(2 cmH_2O)，…，
1.962 kPa(20 cmH_2O)柱为宜，其最大容积变化最好接近上述实验的最大容积水平。

[注意事项]

(1)制备无损伤的气管-肺标本,是实验成败的关键。因此,整个手术过程要非常细心,因肺与周围脂肪组织颜色近似,应特别注意,若不慎造成一侧肺漏气时,可将该侧的支气管结扎,用单侧肺进行实验,但实验时抽、注容量应减半。

(2)须用新鲜标本,整个实验中要保持肺组织的湿润,实验装置各接头处不可漏气。

(3)注气或注生理盐水时速度不宜太快,量也不宜过多,一般不超过 10 mL(双侧肺)。

(4)放置肺的玻璃平皿要大些,以免悬浮着的肺与玻璃平皿壁接触而造成实验误差。

[可能出现的问题与解释]

问题 1. 增加气体量时,水检压计读数不增加。

解释:接口处漏气;制备标本时,肺泡破裂。

问题 2. 抽、注生理盐水时水检压计波动明显,不稳定。

解释:接口处漏气;肺扩张不均匀。

[实验结果]

根据表 6-1-1 的数据以检压计内压力(即跨肺压)为横坐标,以各压力水平时的肺容积为纵坐标,做气体压力-肺容积曲线和水压力-肺容积曲线(参照图 6-1-2),并将两曲线加以比较。讨论肺顺应性与肺泡表面张力的关系。

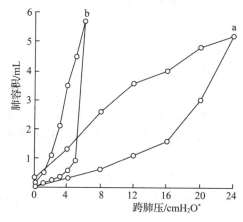

图 6-1-2　大鼠肺顺应性曲线

a. 注气；b. 注水

表 6-1-1　不同跨肺压时肺容积变化的实验记录表

跨肺压/cmH$_2$O*	注气/mL	抽气/mL	跨肺压/cmH$_2$O*	注水/mL	抽水/mL
0			0		
4			1		
8			2		
12			3		
16			4		
20			5		
24			6		

[思考题]

1. 肺顺应性大小与肺容积之间有何关系?

2. 比较充气实验和注水实验所得肺顺应性曲线有何不同?

---

* 1 cmH$_2$O=98.1 Pa。

实验 6.2　兔呼吸运动的调节观察

[实验目的]

掌握描记呼吸运动的方法，观察各种因素和某些药物对呼吸运动的影响，并了解其作用的机理。

[实验原理]

呼吸运动是呼吸中枢节律性活动的反映。呼吸中枢的活动受内、外环境各种刺激的影响，可直接作用于呼吸中枢或通过不同的感受器反射性地影响呼吸运动。其中，较重要的有呼吸中枢、牵张反射和各种化学感受器的反射性调节。

[实验对象]

兔。

[实验药品]

20%氨基甲酸乙酯、3%乳酸、生理盐水。

[仪器与器械]

计算机生物信号采集处理系统(或生理记录仪、刺激器)、呼吸换能器(或张力换能器)、刺激电极、手术台、兔用手术器械、气管插管、橡皮管(50 cm)、注射器(20 mL)、CO_2 球胆、空气球胆、钠石灰瓶、纱布、棉线等。

[实验方法与步骤]

1. 麻醉、固定动物和气管插管

取兔一只，称重，用20%氨基甲酸乙酯按 5 mL/kg 耳缘静脉注射，麻醉后，仰卧位固定于手术台上，剪去颈部兔毛，沿颈部正中做 3~4 cm 长的切口，进行气管插管。分离颈部两侧的迷走神经，穿线备用。

2. 呼吸运动的描记

切开胸骨下端剑突部位的皮肤，沿腹白线剪开约 2 cm 小口，打开腹腔。暴露出剑突内侧面附着的两块膈小肌，仔细分离剑突与膈小肌之间的组织，并剪断剑突软骨柄(注意止血)，使剑突完全游离(图 6-2-1)。此时可观察到剑突软骨完全跟随膈肌收缩而上下自由运动。用一弯钩钩住剑突软骨，弯钩另一端与张力换能器相连。由换能器将信息输入生物信号采集处理系统，以描记呼

剑突骨柄

图 6-2-1　游离剑突软骨的方法

吸运动曲线。或将呼吸换能器(流量式和热敏式)安放在气管插管的侧管上，以记录呼吸运动。

3. 连接实验装置

(1)计算机生物信号采集处理系统　呼吸(张力)换能器与计算机生物信号处理系统的CH1通道相连；刺激电极与刺激插孔相连(图6-2-2)。

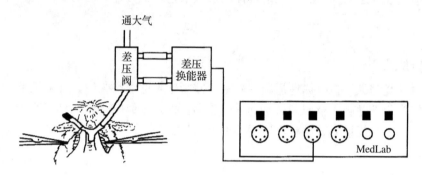

图 6-2-2　呼吸运动调节实验装置

(2)生理记录仪　张力换能器的输出导线与生理记录仪输入插孔相连；连接刺激装置，接通电源。

4. 实验项目

(1)启动"开始"按钮，描记一段正常呼吸曲线，观察正常呼吸运动与曲线的关系，并区分心搏波、呼气波、吸气波和梅耶氏波(图6-2-3)。

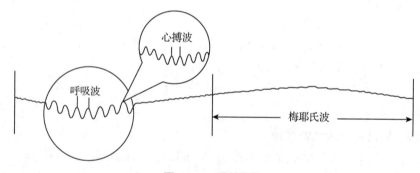

图 6-2-3　呼吸曲线

(2)窒息　夹闭气管插管套管的 1/2~2/3，持续 10~20 s，观察呼吸运动的变化情况。

(3)增加吸入气中 CO_2 浓度　将充满 CO_2 的球胆开口对准气管插管一侧管，松开球胆夹子，缓慢增加吸入气中 CO_2 浓度，待呼吸变化明显时夹闭球胆。

(4)缺 O_2　将一侧气管套管夹闭，呼吸平稳后，另一侧套管通过一只钠石灰瓶与盛有空气的球胆相连，使动物呼吸球胆中的空气。经过一段时间后，球胆中的氧气明显减少，但 CO_2 并不增多(钠石灰将呼出气中 CO_2 吸收)，此时呼吸运动有何变化?待呼吸变化明显后，恢复正常呼吸。

(5)增大无效腔　夹闭一侧气管套管，呼吸平稳后，另一侧套管接一段 50 cm 橡皮管，动物通过此橡皮管呼吸，观察呼吸运动的变化，结果明显后去掉橡皮管恢复正常呼吸。

(6)牵张反射　将事先装有空气(约 20 mL)的注射器(或用洗耳球)经橡皮管与气管套管的一侧相连，在吸气相之末堵塞另一侧管，同时立即向肺内打气，可见呼吸运动暂时停止在呼气状态。当呼吸运动出现后，开放堵塞口，待呼吸运动平稳后再于呼气相之末堵塞另一侧管，同时立即抽取肺内气体，可见呼吸暂时停止于吸气状态，分析变化产生的机制。

(7)迷走神经的作用

①切断一侧迷走神经，呼吸运动有何变化？再将另一侧迷走神经结扎后在离中端剪断，呼吸运动又有何变化？

②重复牵张反射，比较呼吸变化有什么区别？

③以中等强度重复脉冲刺激迷走神经向中端，观察刺激期间呼吸运动的变化。

(8)增加血液中 H^+ 浓度　经耳缘静脉快速注入 3%乳酸 1~2 mL，观察呼吸运动的变化。

[注意事项]

(1)气管插管内壁必须清理干净后才能进行插管。

(2)气流不宜过急，以免直接影响呼吸运动，干扰实验结果。

(3)当增大无效腔出现明显变化后，应立即打开橡皮管的夹子，以恢复正常通气。

(4)经耳缘静脉注射乳酸要避免外漏引起动物躁动。

(5)每一项操作前后均应有正常呼吸运动曲线作为比较。

[实验结果]

剪贴记录曲线，比较各种处理前后，呼吸幅度、频率的变化。对全班结果加以统计，以平均值±标准差表示，并用直方图表示。

[思考题]

1. 增加吸入气中 CO_2 浓度、缺 O_2 刺激和血液 pH 值下降均使呼吸运动加强，机制有何不同？

2. 如果将双侧颈动脉体麻醉，分别增加吸入气中 CO_2 浓度和给予缺 O_2 刺激，结果有何不同？

3. 迷走神经在节律性呼吸运动中起何作用？

实验 6.3　膈肌电活动的记录

[实验目的]

学习膈肌放电的记录方法，同时加深对呼吸运动调节的认识。

[实验原理]

利用针形电极插入膈肌，所记录到的肌肉电活动称为膈肌放电。膈肌放电与膈神经放电的信号形态基本一致，但信号远比后者强。

[实验对象]

兔。

[实验药品]

20%氨基甲酸乙酯、0.9% NaCl 溶液、3%乳酸、液体石蜡、CO_2、N_2 等。

[仪器与器械]

计算机生物信号采集处理系统(或生理记录仪、前置放大器、示波器、监听器)、张力换能器、引导电极、兔用手术器械、兔固定台、气管插管、注射器(1 mL、20 mL)、橡皮管(50 cm)、玻璃分针、纱布、棉线。

[实验方法与步骤]

1. 麻醉、固定动物和气管插管

操作同实验 6.2,分离两侧迷走神经,穿线备用。

2. 膈肌放电的引导

切开胸骨下端剑突部位的皮肤,沿腹白线剪开约 2 cm 小口,打开腹腔。暴露与之相连的膈小肌,将两根带有绝缘套的针形电极(针灸针制成)插入膈肌,但不要扎穿膈肌。用动脉夹固定在剑突上。

3. 连接实验装置

进入计算机生物信号采集处理系统,膈肌的引导电极导线输入第 3 通道,第 4 通道对第 3 通道进行直方图处理。若要进行呼吸运动的描记,则将张力换能器输出导线连到第 1 通道。

参数设置:第 3、4 通道,交流 AC 状态,SR = 2~10 ms(内部采样周期为 0.5 ms),横向压缩 1:4,增益 500~1 000 倍,滤波 10 kHz,时间常数 0.01 s。

4. 实验项目

(1)观察膈肌放电的基本形状(图 6-3-1),电活动和机械活动之间的关系。

(2)将充有 CO_2 的球胆对准气管插管的开口,让动物吸入 CO_2,观察膈肌放电和呼吸运动的变化。

(3)待呼吸恢复正常后,将装有 N_2 的球胆对准气管插管的开口,让动物吸入 CO_2,观察膈肌放电和呼吸运动的变化。

(4)待呼吸恢复正常后,将 50 cm 橡皮管接在气管插管的侧管上,观察膈肌放电和呼吸运动的变化。

(5)待呼吸恢复正常后,由耳缘静脉注入 3%乳酸 2 mL,观察膈肌放电和呼吸运动的变化。

(6)待呼吸恢复正常后,剪断一侧迷走神经,观察膈肌放电和呼吸运动的变化。再剪断另一侧迷走神经,观察膈

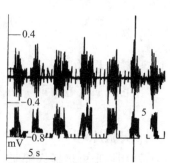

图 6-3-1　膈肌放电图形

肌放电和呼吸运动又有何变化。

[注意事项]

(1)记录电极除尖端外,其余部分应做绝缘处理,仪器和动物都要接地。

(2)记录电极插入时防止将膈肌刺破造成气胸;电极应妥善固定,防止脱落。

(3)注射乳酸时要防止乳酸从静脉中漏出,引起动物挣扎,影响实验结果。

[实验结果]

剪贴实验结果,并分析各因素条件下膈肌放电与呼吸运动间的关系如何?原因何在?

[思考题]

不同状态下膈肌放电有何特征?与呼吸运动间有何关系?

实验 6.4 呼吸运动、胸内负压及膈神经放电的同步观察

[实验目的]

学习呼吸运动的描记方法;验证胸内负压的存在;学习膈神经放电记录的方法;观察、理解以上三者之间的相互关系,以加深对呼吸运动的产生及调节的理解。

[实验原理]

节律性呼吸运动是由于呼吸中枢产生的节律性冲动,通过脊髓发出的膈神经及肋间神经传出,引起膈肌和肋间肌节律性收缩,而产生胸廓有规律地扩张与缩小。呼吸运动除可直接观察外,还可通过膈神经放电观察。

呼吸过程中肺能随胸廓的扩张而扩张,是因为在肺和胸廓之间有一密闭的胸膜腔,其内的压力低于大气压,故称胸膜腔内负压。胸膜腔内负压是由肺的弹性回缩力所产生,其大小随呼吸深度而变化。破坏胸膜腔的密闭性,胸腔内负压消失,造成肺不扩张,引起呼吸困难,肺的牵张感受器向呼吸中枢发放的冲动减少,膈神经放电活动也将减少。

[实验对象]

兔。

[实验药品]

20%氨基甲酸乙酯、0.9% NaCl 溶液、1∶10 000 乙酰胆碱溶液、液体石蜡、CO_2 等。

[仪器与器械]

计算机生物信号采集处理系统(或生理记录仪、前置放大器、示波器、水检压计、监听器)、压力换能器、张力换能器、引导电极、兔用手术器械、兔固定台、气管插管、胸

内套管(或带橡皮管的粗穿刺针头)、注射器(20 mL)、微量注射器、橡皮管(50 cm)、玻璃分针、胶布、纱布、棉线。

[实验方法与步骤]

1. 麻醉、固定动物和气管插管

操作同实验 6.2。

用止血钳在颈外静脉(在外侧皮下)和胸锁乳突肌之间向深处分离,直到气管边上可看到较粗的臂丛神经向后外行走。于臂丛的内侧有一条较细的膈神经横过臂丛神经并和它交叉,由颈部前上方斜向胸部后下方,用玻璃分针仔细分离,并除去神经上附着的结缔组织,于其下穿线备用(图 6-4-1)。将膈神经钩在悬空的引导电极上,避免触及周围组织,颈部皮肤接地,以减少干扰。在手术过程中应随时以温热生理盐水润湿神经。整个实验过程中,神经上覆盖浸有液体石蜡的棉条,以防干燥。

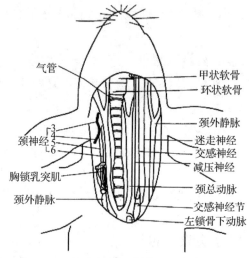

图 6-4-1　兔头颈部主要血管、神经示意图

2. 插胸内套管

于右侧胸部腋前线第 4~5 肋骨,沿肋骨上缘做一长约 2 cm 的皮肤切口,用止血钳稍稍分离表层肌肉,将胸内套管的箭头形尖端从肋间插入胸膜腔(此时可记录到零位线下移,并随着呼吸运动上下移动,表明已插入胸膜腔内)。旋转胸内套管的螺旋,将套管固定于胸壁(图 6-4-2)。胸内套管的另一端与高灵敏度的压力换能器相连(套管内不充水),若仅做定性观察可直接与水检压计相连。也可用粗穿刺针头,如腰椎穿刺针代替胸内套管。沿肋骨上缘顺肋骨方向将其斜插入胸膜腔,看到变化后,用胶布将针的尾部固定在胸部皮肤上,以防滑脱。此法容易产生凝血块或组织堵塞,应加以注意。针头尾端通过橡皮管与压力换能器相连。

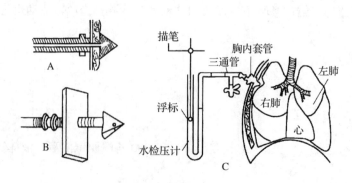

图 6-4-2　胸内负压的测定

A. 胸内套管剖面(已固定在胸壁上);B. 胸内套管外形;

C. 用水检压计测量胸膜腔内压

3. 连接实验装置

(1) 采用计算机生物信号采集处理系统 计算机生物信号采集处理系统选择 4 个通道同时记录，将描记呼吸运动的张力换能器输出线连于第 1 通道，压力换能器的输出线连于第 2 通道，膈神经引导电极导线连于第 3 通道，第 4 通道对第 3 通道做直方图处理。

仪器参数设置：第 1、第 2 通道置于直流 DC 状态。第 3、第 4 通道置于交流 AC 状态，SR = 2~10 ms (内部采样周期为 0.5 ms)，横向压缩 1∶4，增益 500~1 000 倍，滤波 10 kHz，时间常数 0.01 s。

(2) 前置放大器、示波器、生理记录仪系统 将与胸内套管相连的压力换能器的输入线连至生理记录仪的血压放大器的输入插孔。在胸内套管未插入胸膜腔时，血压换能器压力腔经胸内套管与大气相通，此时记录笔尖所指的压力高度与大气压相等，可将记录笔尖调整在中央位置，作为零位线。

将与剑突软骨相连的张力换能器以 DC 输入二道记录仪。调节放大器的灵敏度，观察和记录呼吸运动曲线。

膈神经放电的引导电极导线通过前置放大器与示波器输入端相连。

①前置放大器：增益为 1 000；滤波为 10 kHz；时间常数为 0.01~0.001 s。

②示波器：灵敏度为 100~200 s^{-1}；输入选择为 AC 单端输入；扫描速度为 0.5~0.25 s^{-1}。

4. 实验项目

(1) 平静呼吸运动及胸膜腔内压与膈神经放电的关系 记录平静呼吸运动、膈神经放电和胸内压曲线 1~2 min，并记录胸内压数值。比较吸气和呼气时的胸内压变化和膈神经放电波幅、频率的变化。

(2) 增大无效腔对胸腔内负压及呼吸运动的影响 将气管插管开口端一侧连一 50 cm 橡皮管，然后堵塞另一侧管使无效腔增大，造成呼吸运动加强，观察对胸腔内负压和膈神经放电的变化，并与平静呼吸时比较。

(3) 憋气的效应 在吸气末或呼气末，分别堵塞气管插管两侧管。此时动物虽然用力呼吸，但不能呼出肺内气体或吸入外界气体，处于憋气状态，观察此时胸内压变化的最大幅度，并与大气压相比较，膈神经放电有何变化？

(4) 观察吸入气中 CO_2 浓度增加时对呼吸运动和膈神经放电的变化 将一定量的 CO_2 注射进气管内，观察呼吸运动和膈神经放电的变化。

(5) 观察窒息对膈神经放电、呼吸运动的影响 夹闭气管插管套管的 1/2~2/3，持续 10~20 s，观察呼吸运动和膈神经放电的变化。

(6) 耳缘静脉注射 0.01% 乙酰胆碱 0.5 mL，观察对呼吸运动和膈神经放电的影响。

(7) 胸壁贯通伤对胸内压及呼吸运动的影响 沿第 7 肋骨行走方向切开胸壁皮肤，切断肋间肌和壁层胸膜，使胸膜腔与大气直接相通形成气胸。观察肺组织是否萎缩，呼吸运动和胸膜内压有何变化？

[注意事项]

(1) 插胸内套管时，切口不宜过大，动作要快，以免空气漏入胸膜腔，用穿刺针时，不要插得过猛过深，以免刺破肺组织和血管，形成气胸和出血过多。形成气胸后迅速封闭漏气的创口，并用注射器抽出胸膜内的气体，此时胸内压可重新呈现负压。

（2）分离膈神经动作要轻柔，神经干分离要干净，不能有血和组织粘在神经干上。

（3）注意动物和仪器接地要可靠。

（4）注意区别放电频率（集群式放电密集程度）和呼吸频率。

（5）每项实验做完后，待膈神经放电和呼吸运动恢复正常后，再进行下一项实验，要注意前后对照。

［可能出现的问题与解释］

问题：测不到胸膜内负压。

解释：穿刺针头被堵塞；穿刺针头插入过深，已穿过胸膜进入肺组织；穿刺针头斜贴着肺组织；已造成气胸。

［实验结果］

剪贴实验记录，分析呼吸运动、膈神经放电和胸内负压之间的关系（图 6-4-3），分析不同条件下三者都会发生何种变化？为什么？

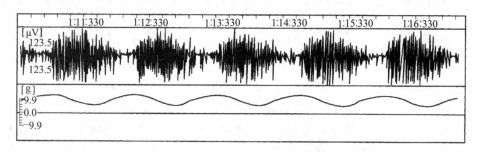

图 6-4-3　正常兔膈神经放电与呼吸运动关系曲线

［思考题］

1. 平静呼吸时，胸内压为何始终低于大气压？

2. 呼吸加深加快时，胸内压有何变化？为什么？

3. 在形成气胸时，胸内压与大气压比较有无不同？是否随呼吸运动而变化？

4. 正常呼吸时，膈神经放电与呼吸运动有何关系？

5. 当吸入气中 CO_2 浓度增加时，膈神经的放电有何变化？为什么？

6. 向肺内注气和抽气实验中，呼吸运动和膈神经放电各有何改变？为什么？

实验 6.5　鱼类呼吸运动及重金属离子对鱼类洗涤频率的影响

［实验目的］

学习鱼类呼吸运动的描记方法，了解鱼类呼吸运动的特点，观察重金属离子对洗涤运动频率的影响。

[实验原理]

鳃呼吸是鱼类的重要生理机能，除了进行气体交换外，鱼类在每次呼吸运动后，会出现一次洗涤运动，以清除进入口腔和鳃的异物，保证气体交换的顺利进行，洗涤运动因其特殊作用对水环境的污染物十分敏感，其频率与污染程度密切相关，通过记录鱼类呼吸运动可以研究水环境中的污染物对鱼类呼吸机能的影响，并能作为水环境污染的指标。利用机械-电换能装置可把鳃盖的机械运动转为电信号，通过计算机生物电信号采集处理系统将其记录下来。由于在洗涤运动过程中，其水流入口腔后，不是像呼吸机械运动那样从鳃盖处流出，而是从口喷出，故在图形上可将两种运动区分开来。

[实验对象]

鲤鱼(或鲫鱼)。

[实验药品]

1 g/L CuSO$_4$ 原液。

[仪器与器械]

机械换能器、计算机生物电信号采集处理系统、水族箱(15 L)、毛巾。

[实验方法与步骤]

(1)取 200 g 左右的鱼 1 条，放入水族箱，加上充气泵充气。

(2)用软木塞(或泡沫塑料)和橡皮圈将机械传感器固定在鱼的头背部，换能器上的金属片上套上一圆形胶片，胶片的外缘刚好与鳃盖骨外面接触，可随鳃盖骨的张合左右摆动。传感器的输出与计算机生物电信号采集处理系统相连(图 6-5-1)。

(3)待鱼安静后，开始记录。观察正常情况下鱼的呼吸运动和洗涤运动，以此为对照。

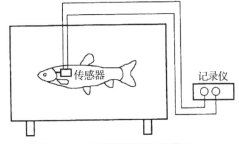

图 6-5-1　鱼类呼吸描记示意图

(4)在水族箱中加入 1 g/L CuSO$_4$ 原液，使最终浓度分别为 0.1 mg/L、0.5 mg/L、1 mg/L 和 10 mg/L，记录相应浓度的洗涤频率，每次实验时间为 10~15 min。

[注意事项]

实验时鱼类所处的环境必须保持安静状态，避免其他因素对实验的干扰。

[思考题]

1. 鱼类洗涤频率有何生理意义？

2. 估计其他可能影响鱼类洗涤频率的因素。

第7章 消化生理

实验 7.1 离体小肠平滑肌的生理特性

[实验目的]

学习动物离体组织器官灌流的实验方法；通过观察各种因素对离体小肠平滑肌运动的影响，加深对平滑肌生理特性的了解。

[实验原理]

消化道、血管、子宫、输尿管、输卵管等均由平滑肌组成。平滑肌除具有肌肉的一般生理特性外，还具有自动节律性、较大的伸展性及对化学、温度和牵拉刺激敏感等生理特性。

在一定时间内，离体的小肠平滑肌在适宜的环境中仍可保持其生理功能。本实验将小肠平滑肌置于模拟内环境中，观察当模拟内环境因素发生变化时，离体小肠平滑肌运动的变化。

该实验方法不仅在理论上可以证明平滑肌的生理特性，而且可用来测定微量化学物质或药物的生物学特性，被称为生物学检定法。

[实验对象]

兔或豚鼠。

[实验药品]

台氏液、1:10 000 肾上腺素溶液、1:10 000 乙酰胆碱溶液、1% $CaCl_2$ 溶液、1 mol/L HCl 溶液、1 mol/L NaOH 溶液。

[仪器与器械]

恒温平滑肌浴槽、计算机生物信号采集处理系统(或生理记录仪)、张力换能器、手术器械、注射器、纱布、棉线、丝线、万能支架、螺旋夹、双凹夹、细塑料管(或橡胶管)、长滴管。

[实验方法与步骤]

1. 实验准备

(1)恒温平滑肌浴槽装置　向中央标本槽内加入台氏液至浴槽高度的 2/3 处。外部容器为水浴锅加自来水。开启电源，恒温工作点定在 38℃。

（2）标本制备　向耳缘静脉注射空气使其致死，将兔背位固定于手术台上，腹部剪毛后，沿正中线切开皮肤和腹壁，找到胃，以胃幽门与十二指肠交界处为起点，快速沿肠缘剪去肠系膜，然后剪取 20~30 cm 长的十二指肠，置于 4℃左右的台氏液中轻轻漂洗，可用注射器向肠腔内注入台氏液冲洗肠腔内壁，并置于低温(4~6℃)台氏液中备用。实验时将肠管剪成 2~3 cm 的肠段，用棉线结扎肠段两端，将一端结扎线连于浴槽内的标本固定钩上，另一端连于张力换能器，适当调节换能器的高度，使其与标本之间松紧度合适。此相连的线必须垂直并且不能与浴槽壁接触，避免摩擦。用塑料管将充满气体的球胆或增氧泵与浴槽底部的通气管相连，调节塑料管上的螺旋夹，让通气管的气泡一个一个的溢出，为台氏液供氧。

2. 连接实验装置

（1）生理记录仪　按图 7-1-1 安装好记录装置。

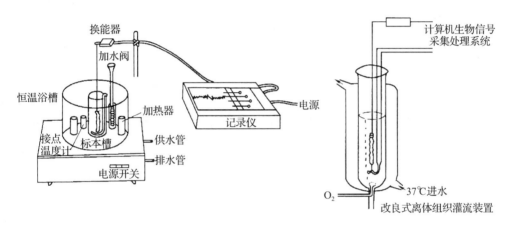

图 7-1-1　离体小肠平滑肌灌流装置

（2）计算机生物信号采集处理系统　张力换能器输入端与系统的第 3 通道或第 4 通道相连，进入计算机生物信号采集处理系统，选择离体小肠平滑肌的生理特性实验项目。

3. 实验项目

（1）观察、记录 38℃台氏液中的肠段节律性收缩曲线。

（2）观察、记录 25℃台氏液中的肠段节律性收缩曲线。

（3）待中央标本槽内的台氏液温度稳定在 38℃后，加 1∶10 000 肾上腺素溶液 1~2 滴于中央标本槽中，观察肠段收缩曲线的变化。在观察到明显的作用后，用预先准备好的新鲜 38℃台氏液冲洗 3 次。

（4）待肠段活动恢复正常后，再加 1∶10 000 乙酰胆碱溶液 1~2 滴于中央标本槽中，观察肠段收缩曲线的变化。作用出现后同上法冲洗肠段。

（5）向中央标本槽内加入 1 mol/L NaOH 溶液 1~2 滴，观察肠段收缩曲线的改变。作用出现后同上法冲洗肠段。

（6）向中央标本槽内加入 1 mol/L HCl 溶液 1~2 滴，观察肠段收缩曲线的改变。待作用出现后同上法冲洗肠段。

（7）向中央标本槽内加入 1% CaCl$_2$ 溶液 2~3 滴，观察肠段收缩曲线的改变。

[**注意事项**]

（1）实验动物预先禁食 24 h，于实验前 1 h 喂食，然后处死，取出标本，肠运动效果更好。

（2）标本安装好后，应在新鲜 38℃ 台氏液中稳定 5~10 min，待标本有收缩活动时即可开始实验。

（3）注意控制温度。加药前，要先准备好更换用的新鲜 38℃ 台氏液，每个实验项目结束后，应立即用 38℃ 台氏液冲洗，待肠段活动恢复正常后，再进行下一个实验项目。

（4）实验项目中所列举的药物剂量为参考剂量，若效果不明显，可以增补剂量，但要防止一次性加药过量。

[**实验结果**]

剪贴实验记录曲线（图 7-1-2），并做好标记、注释。分析各种因素对小肠运动的影响，并简要说明其机制。

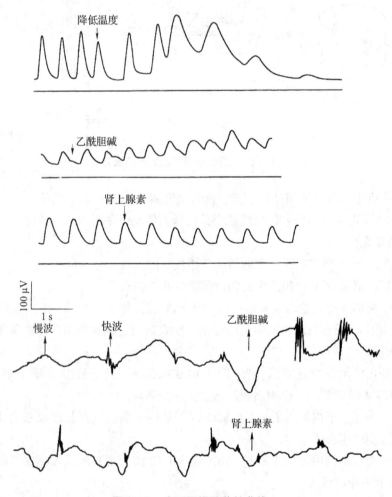

图 7-1-2　小肠平滑肌收缩曲线

[思考题]

1. 比较维持哺乳动物离体小肠平滑肌活动和维持离体蛙心活动所需的条件有何不同？为什么？

2. Ca^{2+} 在平滑肌收缩中起什么作用？

实验 7.2　唾液分泌的观察

[实验目的]

观察唾液腺的分泌及外界刺激对唾液分泌的影响；了解瘘管术在消化吸收生理研究上的应用。

[实验原理]

犬和猪的腮腺仅在食物进入口腔或有条件刺激存在时分泌唾液。不同刺激因素所引起的生物学意义不同，使腮腺分泌唾液的量与质也有差异。通过手术给犬或猪安装腮腺瘘管，可以观察到不同刺激因素对唾液分泌的影响。

[实验对象]

犬、猪或羊。

[实验药品]

3% 戊巴比妥钠、0.2% HCl 溶液、乙醚。

[仪器与器械]

手术器械、探针、唾液漏斗、唾液采集管（带刻度）、门杰雷耶夫氏胶、石蕊试纸、棉球、食饵刺激物（干馒头粉、肉、水、青菜、甘薯、麦麸或米糠）、嫌恶性食物（小石子、细沙）。

[实验方法与步骤]

1. 实验准备

静脉注射 3% 戊巴比妥钠（30~50 mg/kg）将犬麻醉后，侧卧固定于手术台上，剃去颊部的被毛并消毒。左手拉起上唇口角部分，将其外翻，寻找腮腺导管的排出口。腮腺导管排出口位于颊部黏膜与第 Ⅱ 或第 Ⅲ 上臼齿相对的小黏膜结节上，导管口径似针尖大小。将探针插入排出口内 3~5 cm，以免手术时伤及腮腺导管。在管口周围黏膜上用手术刀划一直径约 10 mm 的圆圈，稍稍剥离黏膜下结缔组织，用细针在黏膜圆圈的边缘穿 4 条丝线，然后用手术刀由内向外刺穿颊部，用外科镊子夹住露在外面的手术刀尖，在拔出手术刀时，使镊子随刀通过伤口进入口腔内，将探针抽出，再用此镊子夹住腺管排泄口周围黏膜上的丝线，连同黏膜圆块一起抽出来，注意切勿使腺管捻转。用手术刀（或外科剪）去除一小块皮肤。然后将抽出的黏膜圆块缝于颊部皮肤上，口腔内的创口做连续缝合，将拽在外面的黏膜涂一层凡士林，并用数层纱布覆盖，纱布用门杰雷耶夫氏胶粘在皮肤上。手术后 2~3 d 去掉纱布，术后 7~9 d 拆线，就可开始实验（图 7-2-1）。

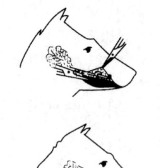

猪的腮腺瘘管手术，由于解剖特点而略有改变，手术部位从口角上方 7~10 cm 处开始，在与齿龈平行的部位切开皮肤 3~5 cm。分离结缔组织到达颊部黏膜背面。然后从口腔内找出腮腺导管开口，在皮肤创口前角部位，接近齿龈处切开黏膜，将连有黏膜块的腮腺导管翻出，在皮肤创口处的固定术与犬的相同。羊的腮腺瘘管术见后述。

图 7-2-1　犬腮腺导管引出

2. 实验项目

实验开始时犬站立在固定架上，先将唾液漏斗固定于颊部，用于收集唾液。然后逐项进行实验，主要观察内容有：唾液分泌的潜伏期、分泌持续的时间及分泌量。

（1）给犬看干馒头粉 1 min。

（2）喂干馒头粉 40 g。

（3）向口中注射自来水 5 mL。

（4）向口中注射 0.2% HCl 溶液 5 mL。

（5）给犬看肉粉 1 min。

（6）喂肉粉 40 g。

（7）向口中放小石子数块。

（8）向口中放少量细沙。

以猪为实验动物的实验方法与犬相同。可投喂青菜、麦麸、甘薯、米糠各 50 g。

[注意事项]

（1）实验时用酒精棉球把瘘管周围皮肤揩干净（毛长了要剪毛或剃毛），然后用干棉球按住，把门杰雷耶夫氏胶加热涂在唾液漏斗周围，趁热粘在瘘管处。粘唾液漏斗时，瘘管周围要保持干燥，否则会漏气。

（2）每项实验内容结束后应间隔 3~5 min，再进行下一个实验项目。

[实验结果]

将上述实验结果列表统计，并加以分析讨论。

[思考题]

1. 影响唾液分泌的因素有哪些？简要说明其作用机制。

2. 给犬看馒头与喂干馒头粉时唾液分泌有何变化？它们的作用机制是否相同？

[附]

1. 门杰雷耶夫氏胶的配制

松香 4 份(研碎)，氯化铁 1.6 份，蜂蜡 1 份，亚麻仁油少量。将氯化铁和蜂蜡加热溶解后加入松香拌匀，最后加入少许亚麻仁油(3 000 g 加 10 mL)即成。

2. 羊的腮腺漏管术

动物侧卧，固定，剃去颈部的毛，用 0.3% 普鲁卡因局部麻醉；由咬肌前端向内眼角方向切开皮肤 2~3 cm，分开创口，在颜面静脉后方找到腮腺管，仔细分离，注意切勿伤及腮腺神经。在腮腺管下穿 3 根线，纵行切开腮腺管，分别于切口的两端插入准备好的塑料细管(将塑料细管上另带一备用线)。用腮线管两边已备的线分别将两塑料细管结扎固定，然后用中间的已备的线将两塑料管及腮腺管结扎在一起。为了更好地固定，防止脱落，可将塑料细管上早已准备的线与腮腺管上的结扎线再次结扎在一起。两条塑料细管外端再套上一塑料或橡胶管，形成体外吻合。此时唾液从近腺体的细管流出，经吻合管流进远端导管，流入口腔(图 7-2-2)。

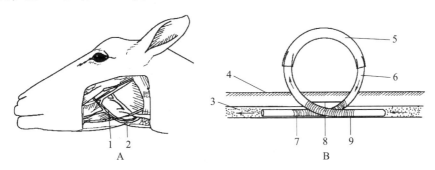

图 7-2-2　羊腮腺瘘管

A. 羊腮腺导管解剖位置；B. 羊腮腺体外吻合瘘管

1. 腮腺导管；2. 血管；3. 腮腺管；4. 皮肤；5. 塑料接管；6. 塑料插管；7~9. 丝线

实验 7.3　唾液、胰液和胆汁分泌的观察

[**实验目的**]

了解动物几个重要消化腺的分泌，以及神经、激素对其分泌的调控。

[**实验原理**]

下颌下腺的分泌活动受副交感及交感神经的双重支配，支配下颌下腺的副交感神经为面神经的鼓索支；支配下颌下腺的交感神经来自颈前神经节的节后纤维。副交感神经兴奋时，引起下颌下腺分泌大量黏稠的唾液；交感神经兴奋时，引起下颌下腺分泌少量黏稠的唾液。

胰液和胆汁的分泌受神经和体液两种因素的调节。与神经调节相比较，体液调节更为重要。

在稀盐酸和蛋白质分解产物及脂肪的刺激作用下，十二指肠黏膜可以产生胰泌素和胆囊收缩素。胰泌素主要作用于胰腺导管的上皮细胞，引起水和碳酸盐的分泌；而胆囊收缩素主要引起胆汁的排出和促进胰酶的分泌。此外，胆盐（或胆酸）也可促进肝脏分泌胆汁，称为利胆剂。

[实验对象]
犬。

[实验药品]
3%戊巴比妥钠、稀乙酸、0.5% HCl 溶液、粗制胰泌素 10 mL、胆囊胆汁 1 mL。

[仪器与器械]
计算机生物信号采集处理系统（或生理记录仪、电子刺激器）、受滴换能器、保护电极、犬手术台、手术器械、注射器及针头、各种粗细的塑料管（或玻璃套管）、纱布、丝线、秒表。

[实验方法与步骤]

1. 唾液的分泌

（1）麻醉动物　绑缚犬的嘴部及四肢。在前肢的皮静脉或后肢的隐静脉注射 3%戊巴比妥钠（30~50 mg/kg），将犬麻醉后仰卧固定于手术台上。

（2）唾液腺插管术　纵行切开下颌中线皮肤，暴露二腹肌和下颌舌骨肌并做横切，将切断的肌肉向两边翻开，暴露神经，较前端有一横向走的神经，称为舌咽神经。在其外侧深部有一小分支是面神经的鼓索支。靠正中线处有一纵向走的神经，称为舌下神经。在舌神经下面横穿着两条略呈灰色并列行走的唾液腺导管，其中较粗大的为下颌下腺导管（图7-3-1），将其与周围结缔组织分离，在下颌下腺导管上剪一个小口，插入一玻璃套管（或塑料管）作为唾液引流管。流出的唾液可由记滴器记录。纵行切开颈部皮肤，分离出迷走交感神经干（在犬，这两条神经合在一起），以备实验时用。

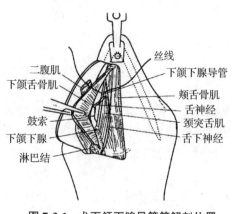

图 7-3-1　犬下颌下腺导管等解剖位置

（3）连接实验装置

①生理记录仪：受滴换能器连接到生理记录仪上，以供记录滴数。

②计算机生物信号采集处理系统：打开计算机，启动计算机生物信号采集处理系统，选择"影响尿生成因素"的模块。将受滴换能器连接到计算机生物信号采集处理系统上，即可开始实验。

（4）实验项目

①唾液反射性分泌：将少许稀乙酸滴入犬的口腔，观察下颌下腺是否分泌？测其分泌的潜

伏期。

②刺激舌神经效应：在鼓索神经与舌神经相汇之前（离中段）将舌神经双结扎剪断，用中等强度电刺激舌神经的中枢端2~3 min。观察下颌下腺是否分泌唾液？若有，记录其潜伏期。

③将鼓索神经结扎并剪断，电刺激舌神经的向中端则不起反应，因传出纤维已被切断。

④刺激鼓索神经效应：以较弱的电流刺激鼓索神经的离中端，则立即引起大量唾液的分泌，记录其潜伏期并注意观察唾液性质的变化（如浓、淡及色泽等）。

⑤唾液的分泌压：将插入下颌下腺导管的玻璃套管的另一端与压力换能器相连，并通过换能器连接到计算机生物信号采集处理系统，以弱电流持续刺激鼓索神经的离中端，可看到导管中的压力缓缓上升，可超过 13.3 kPa（100 mmHg）。

2. 胰液与胆汁的分泌

（1）收集胰液和胆汁的方法

①按常规行气管插管术后，于剑突下沿正中线切开腹壁 10 cm，拉出胃；双结扎肝胃韧带并从中间剪断。将肝上翻找到胆囊及胆囊管，将胆囊管结扎（图 7-3-2）；然后用注射器抽取胆囊胆汁数毫升备用。

②胆管插管：通过胆囊及胆囊管的位置找到胆总管，将插管插入胆总管，并同时将胆总管十二指肠端结扎。

③胰管插管：从十二指肠末端找出胰尾，沿胰尾向上将附着于十二指肠的胰液组织用盐水纱布轻轻剥离，在尾部向上 2~3 cm 处可看到一个白色小管从胰腺穿入十二指肠，

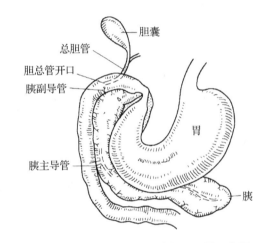

图 7-3-2 犬胰主导管、胆总管解剖位置示意图

此为胰主导管。待认定胰主导管后，分离胰主导管并在下方穿线，尽量在靠近十二指肠处切开，插入胰管插管，并结扎固定。

④股静脉插管：以备输液与注射药物时使用。

（2）连接实验装置

①生理记录仪：将充满生理盐水的乳胶管分别接到胆管插管和胰管插管上；而后分别连接到两个受滴换能器上，以记录滴数（若胰液分泌量较少时，可将胰管插管连接到毛细玻璃管记录装置上，调节液面至零刻度）。

②计算机生物信号采集处理系统：打开计算机，启动生物信号分析处理系统，选择"影响尿生成因素"的模块。将两个受滴换能器连接到计算机上，即可开始实验。

（3）实验项目

①观察胰液和胆汁的基础分泌：未给予任何刺激情况下记录每分钟分泌的滴数。胆汁为不间断地少量分泌，而胰液分泌极少或不分泌。

②酸对十二指肠的作用：将十二指肠上端和空肠上段的两端用粗棉线扎紧，然后向十

二指肠腔内注入 37℃ 的 0.5% HCl 溶液 25~40 mL，记录潜伏期，观察胰液和胆汁分泌量有何变化(观察时间 10~20 min)？

③股静脉注射粗制胰泌素 5~10 mL，记录潜伏期，观察胰液和胆汁的分泌量有何变化？

④股静脉注射胆囊胆汁 1 mL(胆囊胆汁稀释 10 倍)，观察胰液和胆汁的分泌量有何变化？

[注意事项]

(1)术前应充分熟悉手术部位的解剖结构。

(2)手术操作应细心，尽量防止出血，若遇大量出血须完全止血后再行分离手术。

(3)电刺激强度要适中，不宜过强。

(4)胆囊管要结扎紧，使胆汁的分泌量不受胆囊舒缩的影响。

(5)剥离胰导管时要小心谨慎，操作时应轻巧仔细。

(6)实验前 2~3 h 给动物少量喂食，用于提高胰液和胆汁的分泌量。

[实验结果]

剪贴实验记录，做好标记和注释。从对各项结果进行分析讨论中，总结唾液、胰液和胆汁分泌的神经-体液调节特征。

[思考题]

1. 简要说明动物唾液分泌的神经调节机制。

2. 向十二指肠腔内注入 37℃ 的 0.5% HCl 溶液，胰液和胆汁的分泌有何变化？为什么？

3. 股静脉注射粗制胰泌素后，胰液和胆汁的分泌有何变化？为什么？

4. 股静脉注射胆囊胆汁，胰液和胆汁的分泌有何变化？为什么？

实验 7.4　在体小肠运动的记录

[实验目的]

用橡皮球-换能器记录动物在体小肠的运动；观察刺激迷走神经、交感神经以及乙酰胆碱、肾上腺素对胃肠运动的影响。

[实验原理]

在整体情况下，消化管平滑肌的运动受到神经和体液的调节。电刺激迷走神经或静脉注射乙酰胆碱时，胃肠运动增强；刺激内脏大神经或静脉注射肾上腺素时，胃肠运动减弱。

［实验对象］

犬。

［实验药品］

3%戊巴比妥钠、1∶10 000 肾上腺素溶液、1∶1 000 乙酰胆碱溶液、阿托品。

［仪器与器械］

计算机生物信号采集处理系统(或生理记录仪、电刺激器)、刺激电极、保护电极、低压(力)换能器、气管插管、水检压计和压力瓶、三通活塞、橡皮球(可用阴茎套代替)、手术器械、手术台。

［实验方法与步骤］

1. 实验准备

(1)犬前肢桡侧静脉注射3%戊巴比妥钠(30~50 mg/kg),待动物麻醉后,仰卧固定于手术台上。

(2)颈部剪毛,按常规行气管插管术。

(3)在气管两侧分离沿颈总动脉并行的迷走交感神经干(犬的迷走交感神经干合并),穿一条细线后备用。

(4)腹部剪毛,从剑突下沿正中线切开皮肤,打开腹腔。用浸有温台氏液的纱布将肠管推向右侧,找出左侧内脏大神经,穿一条细线后备用。

(5)用橡皮球记录肠运动　打开腹腔后,将大网膜拉向头侧,暴露肠管。捏住距十二指肠韧带 10 cm 后段的空肠,在肠下穿 2 条棉线。用剪刀在肠壁上剪一小口,将装在塑料细管上的橡皮球插进后段肠腔,插进深度约为 10 cm,然后连同肠管一起结扎好,并将线结扎在塑料管上,以防止橡皮球滑脱。然后向胃一侧的切口插入一个塑料管,同法结扎好,用来排出肠内容物(图 7-4-1)(若要记录十二指肠或回肠运动,操作方法基本相近)。

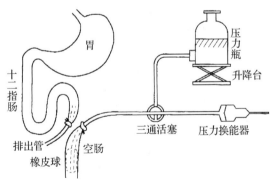

图 7-4-1　犬在体小肠运动的神经支配实验装置图

橡皮球中先充水,然后尽可能排空其中的空气和水,再用止血钳夹闭塑料管。将插进橡皮球的肠管复归原位,腹膜与腹肌一起缝合,随后缝合皮肤。将记录用塑料管与排出管从缝合口引到腹腔外。

(6)将带橡皮球的塑料管与压力瓶连通　预先要将橡皮球和换能器置于同一高度。随后提高压力瓶水面高度,使之较腹腔内橡皮球高出 8~10 cm。放开夹闭塑料管的钳子,则压力瓶中的水少量流入橡皮球。待瓶中水面稳定之后，转动三通活塞，阻断橡皮球同压力瓶的联系，使之通过水与压力换能器相连接。然后调节压力换能器和放大器的平衡。关闭腹腔后，小肠基本不运动，等待 30 min 后开始实验。

2. 连接实验装置

（1）生理记录仪　按图 7-4-1 连接实验装置图，将压力换能器与"压力放大器"的输入口相接。

（2）计算机生物信号分析处理系统　将压力换能器与压力输入通道相接。打开计算机，启动生物信号采集处理系统，选择"呼吸运动的调节"实验项目。

3. 实验项目

（1）刺激迷走神经　用线结扎颈部一侧迷走神经，在该线的中枢侧剪断。刺激离中端，刺激波宽为 1 ms，强度为 5 V，频率为 10~20 Hz，刺激持续时间约 30 s。停止刺激后继续记录 2~3 min 的小肠运动。

（2）刺激内脏大神经　刺激波宽为 1 ms，强度为 10 V，频率为 10~20 Hz，刺激持续时间约 30 s。停止刺激后继续记录 2~3 min 的小肠运动。

（3）注射乙酰胆碱　股静脉缓慢注射 1∶1 000 乙酰胆碱溶液（100 μg/kg）。

（4）注射肾上腺素　股静脉缓慢注射 1∶10 000 肾上腺素溶液（2 μg/kg）。

（5）注射阿托品　静脉注射阿托品（0.2 mg/kg），2 min 后刺激迷走神经及内脏大神经，观察小肠运动的效应。

（6）先静脉注射乙酰胆碱，然后注射阿托品，观察小肠运动的效应。

[注意事项]

在实验完成后，需要描记校准曲线：扭动三通活塞，使压力换能器与压力瓶相连，并使压力瓶与压力换能器同高。这时描笔的位置是 0 cmH$_2$O。然后让压力瓶按 1 cmH$_2$O 为梯度单位不断地升高，画出校准曲线。如果在压力为 0 cmH$_2$O 情况下，描笔出现了偏离，也不要动放大器的平衡，而是将压力瓶按 1 cmH$_2$O 为梯度单位不断地升高，直到描笔动作恢复正常为止。

[实验结果]

剪贴实验结果（图 7-4-2、图 7-4-3），并加以分析讨论。

[思考题]

1. 小肠的节律性收缩的频率是多少？

2. 迷走神经和内脏大神经各自的递质是什么？这些递质有何生理作用？阿托品有什么作用？

3. 支配胃肠的迷走神经和内脏大神经在哪里更换神经元？

4. 把分布到胃肠的自主神经全部切断，肠内容物仍能被输送到肛门，为什么？何为肠–肌（或肠内）反射？

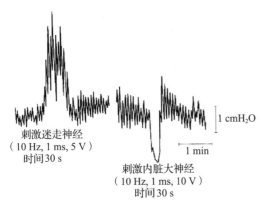

图 7-4-2　刺激犬的迷走神经和内脏大神经
对空肠运动的影响

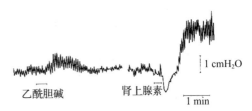

图 7-4-3　乙酰胆碱和肾上腺素
对犬空肠运动的影响

实验 7.5　胃肠运动的直接观察

[实验目的]

观察胃肠道各种形式的运动，以及神经和体液因素对胃肠运动的调节。

[实验原理]

消化管平滑肌具有自动节律性，可以形成多种形式的运动，主要有紧张性收缩、蠕动、分节运动及摆动。在整体情况下，消化管平滑肌的运动受神经和体液的调节。兔的胃肠运动活跃且运动形式典型，是观察胃肠运动的好材料。

[实验对象]

兔或乌鳢(后述)。

[实验药品]

台氏液、阿托品、1∶10 000 肾上腺素溶液、1∶10 000 乙酰胆碱溶液。

[仪器与器械]

手术器械、纱布、素线、丝线、电刺激器、保护电极。

[实验方法与步骤]

1. 实验准备

(1)棒击兔的后脑使其迅速致死。将兔仰卧固定于手术台上，剪去颈部和腹部的被毛。

(2)按常规行气管插管术。

(3)从剑突下，沿正中线切开皮肤，打开腹腔，暴露胃肠。

(4)在膈下食管的末端找出迷走神经的前支，分离后，下穿一条细线备用。以浸有温台氏液的纱布将肠推向右侧，在左侧腹后壁肾上腺的上方找出左侧内脏大神经，下穿一条细线备用。

2. 实验项目

(1)观察相对正常情况下胃肠运动的形式，注意胃肠的蠕动、逆蠕动和紧张性收缩，以及小肠的分节运动等。在幽门与十二指肠的接合部可观察到小肠的摆动。

(2)用连续电脉冲(波宽 0.2 ms、强度 5 V、频率 10~20 Hz)作用于膈下迷走神经 1~3 min，观察胃肠运动的改变，如不明显，可反复刺激几次。

(3)用连续电脉冲(波宽 0.2 ms、强度 10 V、频率 10~20 Hz)刺激内脏大神经 1~5 min，观察胃肠运动的变化。

(4)耳缘静脉注射 1∶10 000 肾上腺素溶液 0.5 mL，观察胃肠运动的变化。

(5)将肾上腺素或乙酰胆碱分别滴在小肠上，观察小肠运动有何变化？

(6)耳缘静脉注射阿托品 0.5 mg，再刺激膈下迷走神经 1~3 min，观察胃肠运动的变化。

[注意事项]

(1)胃肠在空气中暴露时间过长时，会导致腹腔温度下降。为了避免胃肠表面干燥，应随时用温台氏液或温生理盐水湿润胃肠，防止降温和干燥。

(2)实验前 2~3 h 将兔喂饱，实验结果较好。

[实验结果]

描述所观察到的现象，并说明产生这些现象的原因。

[思考题]

1. 电刺激膈下迷走神经或内脏大神经，胃肠运动有何变化？为什么？

2. 胃肠上滴加乙酰胆碱或肾上腺素，胃肠运动有何变化？为什么？

3. 正常情况下，食管、胃、小肠和大肠有哪些运动形式？

[附]

以鱼类为实验材料，一般选用乌鳢较好。乌鳢胃肠运动较多见的是紧张性收缩区分节运动。在水温较高、饱食情况下，也可看到胃肠蠕动。

[实验方法与步骤]

1. 实验准备

(1)了解乌鳢的胃肠道解剖特征　乌鳢的胃肠运动受迷走神经支配，迷走神经兴奋，胃肠紧张性收缩加强，肠分节运动明显。左、右两侧迷走神经在胃肠上的分布情况稍有不同(图 7-5-1)。左侧的迷走神经进入腹腔后，明显地分为两支，背侧的一支行走于鳔的表面，支配着鳔的运动。腹侧一支较为粗大，行走于胃壁表面。在行进的过程中有许多分支，越到胃底分支越多，而且有的分支通过肠系膜延伸到肝、幽门垂、肠及性腺。右侧的迷走神经进入腹腔后分成许多相互平行的分支。从背侧到腹部分别到达鳔、胃、性腺、幽门垂（2个）、肠、胰及肝脏。左侧和右侧迷走神经对胃肠运动的作用不同，左侧迷走神经兴奋可刺激胃肠运动加强，右侧迷走神经兴奋则抑制胃肠运动，因此分别刺激两侧迷走神经引起胃肠道收缩的时相也不同。

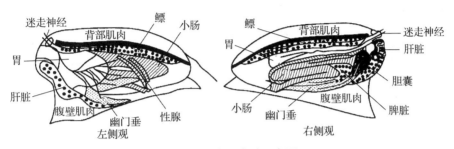

图 7-5-1 乌鳢内脏示意图

（2）暴露胃肠道 用刀将活乌鳢的延髓破坏；鱼右侧卧（左侧向上），从肛门插入粗剪刀向鱼的背侧剪去，至侧线下方 1/3（约 1 cm）处转向头部直至鳃腔后缘（锁骨后缘），折向下直至腹部底部。打开左侧体壁即暴露出胃，分离行走于胃壁脂肪中的迷走神经。用丝线缚一松结，以备刺激用。

2. 实验项目

（1）观察静止时胃肠的形状、位置。

（2）用镊子夹肠（或幽门垂）壁，或在其下穿一丝线，牵拉肠管（或幽门垂），可看到明显的紧张性收缩和分节运动。

（3）用弱电刺激胃左侧迷走神经 1~5 min，可见胃体、胃底兴奋，收缩逐渐加强。

（4）正值胃收缩之时，向胃肠系膜滴几滴肾上腺素，观察胃肠运动有何变化？然后滴几滴乙酰胆碱，观察胃肠运动又有何变化？

［注意事项］

（1）乌鳢的迷走神经常行走于肠系膜中，与脂肪组织混杂在一起，因此经常误当脂肪或结缔组织而被剔除，所以不宜选择过于肥育的标本。在气温较高或鱼饱食时也能看到胃肠的蠕动。

（2）在暴露胃肠道时，有时需要剪断锁骨才能看到迷走神经主干，此时要特别注意防止将鳃剪破，引起出血。

［实验结果］

描述所观察到的现象，并说明产生这些现象的原因。

实验 7.6　大鼠胃液分泌的调节

[实验目的]

学习测定胃液分泌的实验方法，观察胃的泌酸功能及其分泌的调节。

[实验原理]

胃液的分泌主要受神经与体液调节，迷走神经、胃肠激素(胃泌素)、组织胺及拟胆碱药物促进胃液的分泌，阿托品阻断迷走神经的促胃液分泌的作用而抑制胃液的分泌。

[实验对象]

大鼠。

[实验药品]

乙醚、3%戊巴比妥钠、生理盐水、0.01 mol/L NaOH 溶液、1% 酚酞、0.5 mg/mL 阿托品、0.01%磷酸组织胺、1 mg/mL 毛果芸香碱、西咪替丁(组胺拮抗剂)、五肽胃泌素。

[仪器与器械]

常用手术器械、刺激器、止血钳、细塑料管(直径 1.5 mm、长约 20 cm)和粗塑料管(直径 4 mm、长约 60 cm)、纱布、碱式滴定管、支架、注射器(2 mL、5 mL)、锥形瓶(100 mL)、保护电极、棉线。

[实验方法与步骤]

1. 实验准备

(1)取 350 g 以上的大鼠两只，预先禁食 18~24 h，自由饮水。实验时，腹腔注射 3%戊巴比妥钠(40~50 mg/kg)麻醉动物，背位固定于手术台上。

(2)颈部剪毛，做长约 2.0 cm 的皮肤切口，分离肌肉，找出气管，行气管插管术。

(3)剪去上腹部的被毛，自剑突起沿腹部正中做一个长约 3 cm 的切口，沿腹白线剖开腹腔，在左上腹内找到膈后食管、胃和十二指肠。将胃移至腹腔外蘸有生理盐水的纱布垫上。在膈下食管的左右分离迷走神经，穿线备用。

(4)在食管和贲门交界处，迷走神经的下方穿一根棉线，打一个活结套，在十二指肠和幽门交界处穿两根棉线，结扎十二指肠端棉线。在颈部食管剪一小口，向胃端插入一根游离端连有 8 号针头 20 cm 长的细塑料管，导管深入胃 1 cm 左右(用手指在胃表面可触摸到胃内的塑料管，以判断插入的深度)，用线结扎固定，此插管用来向胃内注入生理盐水；在十二指肠近幽门端剪一小口，插入 6 cm 长的粗塑料导管，深入胃 1 cm，结扎固定，用于收集胃液(图 7-6-1)。

2. 实验项目

（1）用注射器将 38℃ 的生理盐水从食管插管注入，冲洗胃腔，直至流出液澄清无残渣为止。用蘸有温热生理盐水的纱布覆盖创面。可用白炽灯照射给动物保温。30 min 后，用 5 mL 生理盐水冲洗胃腔，连续冲洗 3 次，每次 2 min，洗出液收集于锥形瓶内，共收集 3 个样品。收集液作为正常状态下的泌酸量。以酚酞为指示剂，用 0.01 mol/L NaOH 溶液滴定每次所收集的胃液样品，将中和胃酸所去的 NaOH 量换算成 μmol/L，即为胃液的分泌量。

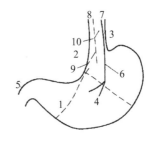

图 7-6-1 大鼠胃的腹面观

1. 胃窦；2. 贲门；3. 食管；4. 胃底；5. 幽门；6. 前胃；7. 左（前）迷走神经干；8. 右（后）迷走神经干；9. 腹支；10. 肝支

（2）用连续电脉冲刺激迷走神经，每次持续 5 s，间隔 20 s 重复刺激多次。30 min 后收集胃洗出液，采用滴定法测定每一个样品中的胃酸含量。

（3）切断迷走神经，30 min 后同法收集胃洗出液，应用滴定法测定每一个样品中的胃酸含量。

（4）收集对照样品后，立即皮下注射磷酸组织胺（1 mg/kg），30 min 后收集胃洗出液，连续收集 3 个样品，应用滴定法测定每一个样品中的胃酸含量。

（5）肌内注射甲咪替丁（250 mg/kg），收集 3 个样品后，再皮下注射 0.01% 磷酸组织胺（1 mg/kg），连续收集 3 个样品，应用滴定法测定每一个样品中的胃酸含量。

（6）收集对照样品后，立即皮下注射五肽胃泌素（100 mg/kg），收集胃洗出液，连续收集 3 个样品，应用滴定法测定每一个样品中的胃酸含量。

（7）收集对照样品后，立即皮下注射 1 mg/mL 毛果芸香碱 0.5 mL，收集胃洗出液，用滴定法测定每一个样品中的胃酸含量。

（8）另取一只大鼠，手术同前。按实验项目（2）的方法刺激两侧迷走神经、收集胃洗出液及测定胃酸含量，并以此胃酸含量作为对照。然后给大鼠皮下注射 0.5 mg/mL 阿托品（1~2 mg/kg）。5 min 后，再重复实验项目（2）的方法刺激两侧迷走神经，30 min 后收集胃洗出液，测定胃酸含量。

[**注意事项**]

（1）大鼠不宜麻醉过深，以免对胃液分泌量影响太大。

（2）大鼠的迷走神经很细，分离和刺激时要十分小心谨慎。

[**实验结果**]

上述各项，每一小组只做 1~2 项，每一项样品测定完成后，绘曲线图表示，以胃酸排出量为纵坐标，时间为横坐标，箭头表示注射药物的时间，并加以说明。各组可互相交换实验结果及所绘制的曲线，然后进行全面总结。

[**思考题**]

1. 影响胃酸分泌的因素有哪些？

2. 组织胺、阿托品和毛果芸香碱对胃酸分泌有何影响？试说明其作用机制。

实验7.7 反刍动物咀嚼与瘤胃运动的描记

[实验目的]

观察反刍动物的咀嚼与瘤胃运动并掌握其描记方法。

[实验原理]

反刍动物胃的容积很大，当瘤胃运动时，在腹壁(肷部)用手可触知其运动。通过安装记录装置可将瘤胃运动描记出来。也可通过压力换能器(或马利氏气鼓，用记纹鼓记录)将咀嚼与瘤胃运动描记出来(也可在装有瘤胃瘘管的动物将气球从瘘管放入瘤胃内进行描记)。

在动物颊部笼头上安置一个咀嚼描记器，借空气传导装置，能记录颊部运动(咀嚼与反刍)。

[实验对象]

羊或牛。

[仪器与器械]

固定架、瘤胃运动描记器、咀嚼描记器、橡皮管、压力换能器、生理记录仪或计算机生物信号采集处理系统。

[实验方法与步骤]

1. 实验准备

(1)安置描记器 将健康羊(或牛)站立保定于固定架上，将瘤胃运动描记器安置在动物左腹肷部，并用带子将其固定(图7-7-1)；同时，将咀嚼描记器安置在动物的颊部并固定好，两者分别以橡皮管与压力换能器(或马利氏气鼓，用记纹鼓记录)并连接(图7-7-2)。

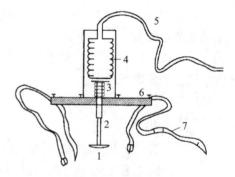

图 7-7-1 瘤胃运动描记器简图
1. 支触头；2. 支架；3. 弹簧；4. 张缩气囊；5. 橡皮管；6. 木支板；7. 绑带

(2)连接实验装置

①生理记录仪：将压力换能器与"压力放大器"的输入口相接。

②计算机生物信号采集处理系统：将压力换能器与计算机生物信号采集处理系统第1通道相接。打开计算机，启动系统，选择"呼吸运动的调节"实验项目。

2. 实验项目

(1)记录正常瘤胃运动 10 min，观察蠕动次数及收缩强度。

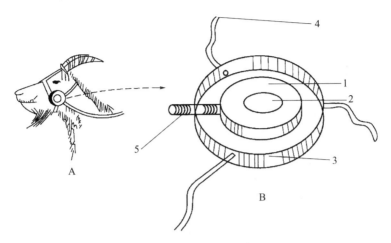

图 7-7-2 反刍动物的咀嚼描记器

A. 咀嚼描记器在动物笼头上固定的位置；B. 咀嚼描记器结构罩以厚橡皮膜的马利氏气鼓

1. 气鼓；2. 软木塞块；3. 固定板；4. 笼头绑带；5. 气鼓由橡皮管连接压力换能器

(2)给动物看青草或用饲料逗引动物，瘤胃运动有何变化？

(3)喂青草 5 min，瘤胃运动有何变化？

(4)反刍时瘤胃运动有何变化？

(5)恫吓动物时，瘤胃运动有何变化？

[注意事项]

(1)描记系统必须保持密闭状态。

(2)咀嚼描记器和瘤胃运动描记器应与所描记部位的皮肤密切接触，但也不宜太紧，以免引起动物不安。

[实验结果]

描述所观察到的现象，并说明产生这些现象的原因。

[思考题]

1. 动物反刍时的瘤胃运动曲线有何变化？

2. 给动物看青草或用饲料逗引动物以及给动物喂青草时，瘤胃运动有何变化？它们的作用机制是否一致？

实验 7.8 瘤胃内容物在显微镜下的直接观察

[实验目的]

在显微镜下观察瘤胃内饲料的性质及对纤毛虫加以统计、分类。

[实验原理]

饲料在瘤胃内微生物作用下发生了很大的变化。瘤胃微生物主要包括纤毛虫和细菌，它们将纤维素、淀粉及糖类发酵并产生挥发性脂肪酸等产物，同时分解植物性蛋白质合成自身的蛋白质。瘤胃中的纤毛虫对反刍动物的消化有重要作用，通过显微镜可观察到纤毛虫的形态及其活动。

[实验对象]

牛或羊。

[实验药品]

碘甘油溶液。

[仪器与器械]

显微镜、载玻片、盖玻片、胃管或注射器、滴管、玻璃平皿。

[实验方法与步骤]

(1)用食管导管(或注射器)从瘤胃抽取瘤胃内容物约 100 g，放入玻璃平皿内，观察内容物色泽、气味、测定 pH 值。

(2)用滴管吸取瘤胃内容物少许，滴一滴于载玻片上，盖上盖玻片，先在低倍显微镜下观察，然后改用中倍镜观察。

(3)找出淀粉颗粒及残缺纤维片，注意观察纤毛虫的运动，区分全毛纤毛虫和贫毛纤毛虫并加以统计。

(4)加一滴碘甘油溶液于载玻片上，观察经染色后的变化，注意纤毛虫体内及饲料的淀粉颗粒呈蓝紫色。

[注意事项]

纤毛虫对温度很敏感，观察纤毛虫活动应在适宜的温度或保温条件下进行。

[实验结果]

对瘤胃中的纤毛虫进行分类统计。

[思考题]

1. 瘤胃内的微生物的种类有哪些？它们的主要生理功能是什么？

2. 将碘甘油溶液滴于载玻片上，纤毛虫及饲料的颗粒有的呈蓝紫色，为什么？

实验 7.9　小肠吸收葡萄糖速率的测定

[实验目的]

用翻转肠囊进行离体实验，观察离体小肠黏膜对葡萄糖的吸收及其影响因素；理解葡萄糖主动吸收的机制。

[实验原理]

吸收是指经消化、降解了的消化产物、水分和无机盐等物质通过黏膜上皮进入血液或淋巴液的过程。关于吸收的机制有被动转运和主动转运两种。前者系指物质顺其浓度梯度转运，所需的能量来自物质的电–化学势能；后者系指在细胞膜上的截体蛋白或"泵"的作用下，逆浓度梯度将物质转运的过程，需要由细胞膜或细胞额外提供能量。本实验利用外翻肠囊法研究小肠对葡萄糖的吸收。外翻肠囊法不仅是观察吸收的方法，而且能用于生物膜的转运机制的研究。

[实验对象]

大鼠、豚鼠或蟾蜍。

[实验药品]

95% O_2 和 5% CO_2 混合气体、3%戊巴比妥钠、5%葡萄糖溶液、Krebs-Ringer's 溶液及测定血糖的试剂(参考生物化学实验)。

[仪器与器械]

常规手术器械一套、肠囊温育装置、恒温浴槽、氧气袋(含 95% O_2 和 5% CO_2 混合气体)、结核菌素注射器(1 mL)、长注射针头(尖端磨钝)、塑料管(直径 4 mm、长 10～20 cm)、培养皿、小烧杯、测定血糖的仪器(参考生物化学实验)。

[实验方法与步骤]

1. 实验准备

(1)取大鼠一只，实验前禁食 24 h，腹腔注射 3%戊巴比妥钠(40～50 mg/kg)麻醉，背位固定。自剑突起，沿腹正中线切开皮肤、腹壁，找到胃、十二指肠、空肠和回肠。取后段空肠或回肠(因豚鼠肠管每长 6 cm 约可注射 1 mL 液体) 8～10 cm，将其两端结扎。剪去肠缘的肠系膜，截取肠段后，立即放入预先通有 95% O_2 和 5% CO_2 混合气体的 4℃ Krebs-Ringer's 溶液中，洗去附着在小肠上的血块，将洗干净肠管放在干净的滤纸上，吸去肠表面的液体(这样保证在小肠外翻后，肠浆膜侧所附液体很少，从而能较精确地了解吸收后浆膜侧液体的容积和成分)。

(2)外翻小肠　用一根直径 4 mm、长 10～20 cm 的硬塑料管，一端剪成斜口，另一端加热压成光滑而外翻的圆口(图 7-9-1)。将塑料管的斜口端从肠段的肛门端插入,直至肠段的肛门端刚刚盖住塑料管的圆口,用线扎紧(最好做双结扎)。用镊子夹住肠段的口端断缘,将肠段翻转,轻轻向下拉动,将整个肠段外翻后,扎紧肠段游离端。用通气的 4℃的 Krebs-Ringer's 溶液洗去肠黏膜上的附着物,必要时应多更换几次 Krebs-Ringer's 溶液。然后用 1 mL 结核菌注射器抽取 1 mL Krebs-Ringer's 溶液通过预先磨钝的注射针头(或细塑料管)插入小肠底部徐徐注入,注射完毕后,将肠囊连同塑料管固定于肠囊温育装置中(温育液为 Krebs-Ringer's 溶液)立即通气。并将整个温育装置放入恒温水浴槽内,水浴温度保持在 25℃左右(图 7-9-1、图 7-9-2)。

(3)将水浴温度逐渐调至 36~37℃。待肠段在水浴中稳定一段时间后,进行实验。

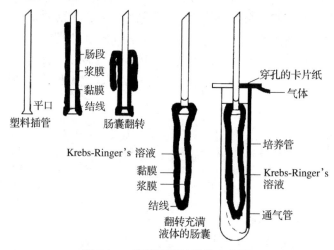

图 7-9-1 翻转肠囊的结构示意图

2. 实验项目

(1)将 5%葡萄糖溶液 0.5 mL 加入小肠囊黏膜侧的温育液中,温育 0.5~1 h 后用 100 μL 微量进样器隔一定时间吸取 100 μL 肠囊内溶液样品,做葡萄糖的定量测定(参见生化实验指导或有关书籍)。再补充同量的 Krebs-Ringer's 溶液,以做肠囊吸收的动态研究。计算结果时,每次吸去的糖量的值应加入以后的糖量中,以计算吸收量。黏膜面的温育液中的葡萄糖含量可配成不同的浓度,以研究吸收量-浓度梯度的关系。小肠的吸收率以微克每厘米每小时[μg/(cm·h)]为单位表示。

(2)Na⁺对糖吸收的影响 将 Krebs-Ringer's 溶液中的 NaCl 以 5%葡萄糖溶液代替,其余成分中的钠盐以钾盐代替(如 NaH_2PO_4 用 KH_2PO_4 替代),肠囊温育 1 h 后,检测肠囊内葡萄糖的吸收量。可配不同 Na⁺浓度的溶液温育肠囊,以研究 Na⁺浓度

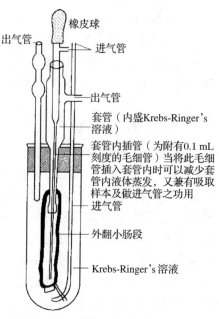

图 7-9-2 肠囊温育改进的试管法

与吸收量的关系。

(3)缺氧对葡萄糖吸收的影响　在不充混合气体的溶液中进行制备小肠囊，温育时也不充混合气体，其余条件与(1)同，然后测定小肠囊葡萄糖的吸收量。

[注意事项]

(1)实验过程中，注意勿损伤小肠囊黏膜，如温浴溶液中有絮状物存在，可能是脱落的黏膜。

(2)在实验过程中，混合气体的供给量应充足，1 min 供给 2~4 mL 气体即可满足实验要求。

(3)小肠囊内静水压不能过高，否则会妨碍物质从黏膜侧向浆膜侧转运，一般认为，小肠囊内液面与黏膜侧液面平或略高即可。

(4)测定浆膜侧液体内葡萄糖时，可能液体中含有蛋白质，从而干扰葡萄糖的测定，故应使液体脱蛋白(如煮沸)。

(5)实验开始和结束时，应测定溶液的 pH 值。

[实验结果]

记录实验结果，并加以解释。

[思考题]

1. Na⁺对葡萄糖的吸收有什么影响？
2. 葡萄糖吸收的机制是什么？
3. 缺氧对小肠囊单糖的吸收有何影响？

[附]　**Krebs-Ringer's 溶液的配制方法**

配方：7.8 g NaCl、0.35 g KCl、0.37 g CaCl₂、1.37 g NaHCO₃、0.22 g NaH₂PO₄、0.02 g MgCl₂、加双蒸水溶液至 1 L。NaHCO₃宜用新开瓶试剂，或使用前先通 CO₂ 1 h，以免 NaHCO₃中含 Na₂CO₃过多，影响溶液的品质。在溶液配置时应注意避免产生沉淀，CaCl₂应溶解并稀释后，最后加入或实验前临时加入。Krebs-Ringer's 溶液配好后，需通 95% O₂ 和 5% CO₂ 混合气体 10 min 后方可使用。

实验 7.10　外源性胆囊收缩素对动物摄食行为的调控
(实验设计)

[设计要求]

胆囊收缩素(CCK)是一种脑肠激素，参与胃肠道功能的调节，并作为饱感信号起到抑制食欲的作用，是外周摄食调节的主要生理因子。实验证实，CCK-A 受体存在于迷走传入神经末梢和幽门括约肌的环形肌细胞膜上。CCK-A 对摄食活动的抑制作用可能是：①CCK 通过激活迷走传入神经末梢上的 CCK-A 受体，直接把外周饱感信号传入摄食中枢而抑制进食；②CCK 先通过刺激幽门括约肌收缩抑制胃的排空，间接地刺激胃部迷走传入神经而抑制进食。

关于外源性 CCK 能引起外周性抑制食欲作用的途径有几种推测：①静脉注射 CCK 引起前列腺素合成增加，而引起食欲抑制；②大剂量的 CCK 可以刺激垂体后叶分泌血管升压素和催产素而导致呕吐；③CCK 有可能通过旁分泌或神经内分泌的途径保证局部 CCK 的浓度大大高于循环血液中的浓度，足以激发迷走神经纤维和幽门括约肌上的 CCK-A 受体，将饱感信号传入中枢；④CCK 可促进降钙素（CT）的分泌而引起大鼠、小鼠、猴和人产生强烈的厌食反应；⑤CCK 抑制摄食的作用可被阿片受体的拮抗剂纳洛酮所对抗，阿片受体可能是 CCK 抑制摄食作用的一个中间环节。CCK 的拮抗剂有肽类、丙谷胺类和苯二氮卓类。其中，丙谷胺类拮抗剂如 lorglumide、loxglu-mide 等对 CCK-A 受体的亲和力高，选择性强，能选择阻断 CCK 受体，促进摄食，口服生物利用度好，体内作用时间长。

脑中有许多神经递质如 5-羟色氨（5-HT）、乙酰胆碱、多巴胺等，与 CCK 之间存在着相互增强作用，共同调控中枢饱感的产生。

现在要求根据上述资料设计一个实验，说明 CCK 对动物的摄食行为有调控作用。

第8章 能量代谢与体温调节生理

实验 8.1 小鼠能量代谢的测定

[实验目的]
了解能量代谢的间接测定原理及其计算方法。

[实验原理]
鉴于体内能量全部来源于物质的氧化分解，依据化学反应的定比定律，机体的耗氧量与能量代谢率成正相关，因此可通过测定耗氧量间接测定机体的能量代谢。本实验通过测定机体消耗一定量氧气所需要的时间，测出每小时的耗氧量，从而计算出能量代谢率。

[实验对象]
小鼠。

[实验药品]
钠石灰(用纱布包好)、液体石蜡。

[仪器与器械]
广口瓶(500 mL)、橡皮塞、温度计、注射器(20 mL)、水检压计、弹簧夹、乳胶管、充有 O_2 的气囊(气罐)。

[实验方法与步骤]

1. 连接实验装置

按图 8-1-1 安装并检查实验装置。将注射器内涂抹少量液体石蜡，反复推、拉注射器芯几次，使液体石蜡在注射器内形成均匀的薄层，以防止漏气。在广口瓶塞周围、温度计及玻璃管出口处涂少量液体石蜡或凡士林，使整个装置密封。

2. 实验项目

(1)实验前将小鼠禁食 12 h，称重后放入广口瓶内的小动物笼内，加塞密闭。

(2)打开夹子与三通接头开关，使氧气球胆与注射器及广口瓶同时连通，用注射器抽取略超过 20 mL 的氧气。

(3)拨动三通接头开关，关闭氧气球胆通道，注射器与广口瓶的通道仍开放，让动物适应瓶内环境 3~5 min，将注射器推到 20 mL 刻度处，关闭夹子，同时记下时间及广口瓶

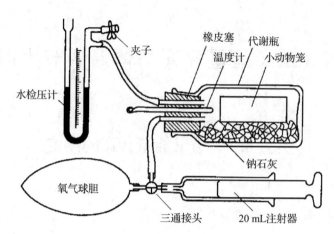

图 8-1-1　测定小鼠耗氧量的装置

内的温度。

（4）将注射器向前推进 2 ~ 3 mL，若系统是密封的，此时水检压计水柱应升高。因小鼠消耗 O_2，而呼出的 CO_2 被钠石灰吸收，故广口瓶内气体逐渐减少，水检压计的液面回降，直到水检压计两侧水柱液面达到水平，再将注射器推进 2 ~ 3 mL……如此反复，直至推完 10 mL，待水检压计两侧水柱液面再次降至水平时，记下时间。可知消耗 10 mL O_2 总共花费的时间。据此可折算出小鼠每小时耗氧量(V)。

3. 计算能量代谢率

（1）耗氧量(V)校正为标准状态下的气体容量(V_0)。

$$V_0 = K \cdot V$$

式中，K 为标准状态气体换算系数，根据实验时气压和温度从表 8-1-1 中查得。

（2）假定小鼠所食为混合食物，呼吸熵(RQ)为 0.82，相应的氧热价为 20.188 kJ/L。

（3）小鼠每小时产热量(Q)

$$Q = V_0 \times 20.188$$

（4）小鼠体表面积(S)可从表 8-1-2 查到。体重 20 g 以下者可按 Rumber 公式计算：

$$S(m^2) = 0.091\ 3W^{2/3}$$

式中，W 为体重(kg)。

（5）小鼠能量代谢率

$$[kj \cdot (m^2 \cdot h)^{-1}] = Q/S$$

表 8-1-1　标准状态(STPD)气体容积的换算系数

气压		气温/℃						
mmHg	kPa	10	11	12	13	14	15	16
675	90.0	0.845 10	0.841 33	0.837 53	0.833 70	0.829 85	0.825 98	0.822 08
680	90.7	0.851 45	0.847 66	0.843 83	0.839 98	0.836 11	0.832 21	0.828 29
685	91.3	0.857 8	0.853 98	0.850 13	0.846 26	0.842 37	0.838 45	0.834 51
690	92.0	0.864 14	0.860 31	0.856 43	0.852 54	0.848 63	0.844 69	0.840 72

（续）

气压		气温/℃						
mmHg	kPa	10	11	12	13	14	15	16
695	92.7	0.870 49	0.866 63	0.862 73	0.858 82	0.854 89	0.850 92	0.846 93
700	93.3	0.876 84	0.872 95	0.869 04	0.865 1	0.861 4	0.857 16	0.853 15
705	94.0	0.883 18	0.879 28	0.875 34	0.871 38	0.867 4	0.863 39	0.859 36
710	94.7	0.889 53	0.885 6	0.881 64	0.877 66	0.873 66	0.869 63	0.865 58
715	95.3	0.895 88	0.891 93	0.887 94	0.883 94	0.879 92	0.875 87	0.871 79
720	96.0	0.902 22	0.898 25	0.894 24	0.890 2	0.886 18	0.882 1	0.878 01
725	96.7	0.908 57	0.904 58	0.900 55	0.896 5	0.892 44	0.888 34	0.884 22
730	97.3	0.914 92	0.910 9	0.906 85	0.902 78	0.898 69	0.894 58	0.890 44
735	98.0	0.921 26	0.917 22	0.913 15	0.909 06	0.904	0.900 81	0.896 65
740	98.7	0.927 61	0.923 55	0.919 45	0.915 34	0.911 21	0.907 05	0.902 87
745	99.3	0.933 96	0.929 87	0.925 76	0.921 62	0.917 47	0.913 29	0.909 08
750	100.0	0.940 3	0.936 2	0.932 06	0.929 16	0.923 73	0.919 52	0.915 3
755	100.7	0.946 65	0.942 52	0.938 36	0.934 18	0.929 98	0.925 76	0.921 51
760	101.3	0.953	0.948 5	0.944 66	0.940 46	0.956 24	0.932	0.927 73
765	102.0	0.959 34	0.955 17	0.950 96	0.946 74	0.942 5	0.938 23	0.933 94
770	102.7	0.965 69	0.961 49	0.968 53	0.953 02	0.923 73	0.944 47	0.940 16

气压		气温/℃						
mmHg	kPa	17	18	19	20	21	22	23
675	90.0	0.818 13	0.814 14	0.810 13	0.806 07	0.801 97	0.797 82	0.793 62
680	90.7	0.824 32	0.820 31	0.816 28	0.812 20	0.808 08	0.803 90	0.799 68
685	91.3	0.830 51	0.826 49	0.822 43	0.818 33	0.814 19	0.809 99	0.805 75
690	92.0	0.846 71	0.832 66	0.828 58	0.823 36	0.820 30	0.816 08	0.811 82
695	92.7	0.842 90	0.838 83	0.834 73	0.830 59	0.826 41	0.822 17	0.817 89
700	93.3	0.849 10	0.845 01	0.840 88	0.836 72	0.832 52	0.828 26	0.823 96
705	94.0	0.855 29	0.851 18	0.847 07	0.842 85	0.838 26	0.834 35	0.830 03
710	94.7	0.861 48	0.857 35	0.853 19	0.848 98	0.844 73	0.840 4	0.836 09
715	95.3	0.867 68	0.863 52	0.859 34	0.855 11	0.850 84	0.846 52	0.842 16
720	96.0	0.873 87	0.867 90	0.865 49	0.861 24	0.856 95	0.852 61	0.848 23
725	96.7	0.880 06	0.875 87	0.871 64	0.867 37	0.863 06	0.858 70	0.854 30
730	97.3	0.886 26	0.882 04	0.877 79	0.873 50	0.869 17	0.864 79	0.860 38
735	98.0	0.892 45	0.888 21	0.883 49	0.879 63	0.874 28	0.870 8	0.866 43
740	98.7	0.898 46	0.894 38	0.890 09	0.885 76	0.881 39	0.876 79	0.872 50
745	99.3	0.904 84	0.900 56	0.896 24	0.891 89	0.887 50	0.883 06	0.878 57
750	100.0	0.911 03	0.906 73	0.902 40	0.898 02	0.887 50	0.889 14	0.884 64
755	100.7	0.917 2	0.912 90	0.908 55	0.904 51	0.893 61	0.895 23	0.890 71

（续）

气压		气温/℃						
mmHg	kPa	17	18	19	20	21	22	23
760	101.3	0.923 42	0.919 07	0.914 70	0.910 28	0.899 72	0.901 32	0.896 77
765	102.0	0.929 61	0.925 62	0.920 85	0.916 41	0.905 83	0.907 41	0.902 84
770	102.7	0.935 80	0.931 442	0.927 00	0.922 54	0.911 94	0.913 50	0.908 91

气压		气温/℃						
mmHg	kPa	24	25	26	27	28	29	30
675	90.0	0.789 33	0.785 05	0.780 68	0.776 25	0.771 75	0.767 19	0.762 55
680	90.7	0.795 41	0.791 08	0.786 70	0.782 4	0.777 72	0.773 14	0.768 48
685	91.3	0.801 46	0.797 11	0.772 70	0.788 23	0.783 69	0.779 08	0.774 40
690	92.0	0.807 50	0.803 13	0.798 71	0.794 21	0.789 66	0.785 03	0.780 33
695	92.7	0.813 55	0.809 16	0.870 471	0.800 20	0.795 62	0.790 98	0.786 26
700	93.3	0.819 60	0.815 79	0.810 72	0.806 19	0.801 59	0.796 93	0.792 19
705	94.0	0.825 65	0.821 22	0.816 73	0.812 18	0.807 56	0.802 87	0.798 12
710	94.7	0.831 70	0.827 24	0.822 73	0.818 16	0.813 52	0.808 82	0.804 04
715	95.3	0.837 74	0.833 27	0.828 74	0.824 15	0.819 49	0.814 77	0.809 97
720	96.0	0.843 80	0.839 30	0.834 75	0.830 14	0.825 46	0.820 72	0.815 90
725	96.7	0.849 84	0.845 32	0.840 76	0.836 12	0.831 43	0.826 66	0.821 83
730	97.3	0.855 89	0.851 35	0.846 76	0.842 1	0.837 39	0.832 61	0.827 76
735	98.0	0.861 93	0.857 38	0.852 7	0.848 10	0.843 36	0.838 56	0.833 68
740	98.7	0.867 89	0.863 41	0.858 78	0.854 09	0.849 33	0.844 51	0.839 61
745	99.3	0.874 03	0.869 43	0.864 78	0.860 07	0.855 30	0.850 45	0.845 54
750	100.0	0.880 08	0.875 46	0.870 79	0.866 06	0.861 26	0.856 40	0.851 47
755	100.7	0.886 12	0.881 49	0.876 80	0.872 05	0.867 23	0.862 35	0.857 40
760	101.3	0.892 17	0.881 49	0.882 81	0.878 03	0.873 20	0.868 30	0.863 32
765	102.0	0.898 22	0.893 54	0.888 81	0.884 02	0.879 16	0.874 25	0.869 25
770	102.7	0.904 27	0.899 57	0.894 82	0.890 01	0.885 13	0.880 19	0.875 18

表 8-1-2　小鼠体表面积

体重/g	体表面积/m²	体重/g	体表面积/m²
20	0.006 7	26	0.008 0
21	0.006 9	27	0.008 2
22	0.007 2	28	0.008 4
23	0.007 4	29	0.008 6
24	0.007 6	30	0.008 6
25	0.007 8		

[注意事项]

(1)整个管道系统必须严格密闭，防止漏气。

(2)保持动物安静，最好给动物避光。

(3)测量期间，不要用手接触管道和广口瓶，以免影响实验结果。

(4)钠石灰要新鲜干燥。

[实验结果]

统计全班结果，并以平均值±标准差表示小鼠能量代谢率。

[思考题]

1. 能量代谢主要受哪些因素的影响？

2. 能量代谢率为什么以单位体表面积而不以体重为计算标准？

3. 间接测定能量代谢的原理是什么？

实验 8.2 温度对鱼类耗氧量的影响

[实验目的]

了解外界水温对鱼类耗氧量的影响；掌握溶氧量测定的基本方法。

[实验原理]

在一个流水系统中，当不同温度的水以一定的速度流过呼吸室时，由于鱼类的呼吸作用，消耗了水中的溶解氧。通过测定呼吸室进水口和出水口溶解氧和水流量，即可计算出某一温度下鱼的耗氧量。

本实验采用温克勒(Winkler)滴定法测定水中的溶氧量。

[实验对象]

鲫鱼、金鱼、罗非鱼或其他鱼均可。

[实验药品]

(1)$MnSO_4$ 溶液　称取 480 g $MnSO_4 \cdot H_2O$ 或 364 g $MnSO_4 \cdot 6H_2O$ 溶于水，用水稀释至 1 000 mL。

(2)碱性 KI 溶液　称取 500 g 分析纯 NaOH 溶解于 300~400 mL 水中，另取 150 g KI 溶于 200 mL 水中，待 NaOH 溶液冷却后，将两溶液混合，用水稀释至 1 000 mL。此溶液不能有碳酸盐存在，如果有沉淀需先过滤。贮于棕色瓶中。

(3)浓硫酸(相对密度 1.83~1.84)。

(4)$Na_2S_2O_3$ 溶液　称取 6.2 g 硫代硫酸钠($Na_2S_2O_3 \cdot H_2O$)溶于煮沸放冷的水中，加

入 0.2 g Na_2CO_3，用水稀释至 1 000 mL。贮于棕色瓶中，使用前用 0.025 mol/L 重铬酸钾（$K_2Cr_2O_7$）标准溶液标定。

（5）1%淀粉溶液　取 2 g 淀粉，先加少量水调成糊状，再加入沸水至 200 mL，冷却后加入 0.1 g 水杨酸或 0.4 g 氯化锌防腐。

[仪器与器械]

酸式滴定管、滴定架、250 mL 有塞广口瓶、250 mL 锥形瓶、移液管、水槽或水族箱、鱼类呼吸室（可是塑料盒或广口瓶或带胶塞的直径较大的塑料管制成）。

[实验方法与步骤]

1. 连接实验装置

测定鱼类耗氧量的实验装置可分为流水装置和静水装置。图 8-2-1 所示即是一种静水装置。在一个恒温的水槽（或水族箱）中，放一个鱼类呼吸室。事先测定各样品瓶盛满水并塞紧瓶塞时的实际水容积，做好记录。

调整各实验组水槽温度，使其分别恒温在 20℃、25℃、30℃。将鱼称重后放入呼吸室，用垫板升、降样品瓶的位置以调节出水的流速。水的流速通过收集一定时间内溢出样品瓶的水量来测定（用量筒测定），流速约为 1 mL/（min·g）。该实验装置简便，一般实验室均可达到。但该实验装置测定鱼类的耗氧量一般要求在 1 h 内能完成所有样品的采集。因为当水槽中的水位下降到一定水平时水的流速会变慢，需要重新调整流速。作为学生上课，在短时间内熟悉整个实验过程还是可行的。若进行科学研究则一般采用流水式装置系统。

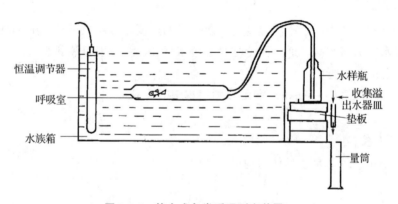

恒温调节器　　　　　　　　　　　　　　　　水样瓶
　　　　　　　　　　　　　　　　　　　　　收集溢
呼吸室　　　　　　　　　　　　　　　　　　出水器皿
　　　　　　　　　　　　　　　　　　　　　垫板
水族箱
　　　　　　　　　　　　　　　　　　　　　量筒

图 8-2-1　静水式鱼类呼吸测定装置

2. 实验项目

（1）取水样　经过约 1 h，待呼吸室和样品瓶中的氧到达平衡后，开始从呼吸室出口处取水，作为出水口的水样。取水样时，应将连通呼吸室的导管插入瓶底，并令水外溢 2~3 瓶的体积；提出导管时应边注入水，边往上提，立即盖紧瓶塞。同时取水槽（或水族箱）中的水样作为进水口的水样。

（2）溶解氧的固定　将移液管插入水样瓶液面下方约 0.5 cm，向水样中加入 1 mL

$MnSO_4$ 溶液、2 mL 碱性 KI 溶液(各移液管应专用),立即盖好瓶塞,颠倒混合,静置 3~4 min。

(3)酸化,析出碘 待瓶中沉淀下沉到瓶的 1/2 高度时,小心打开瓶塞,立即再用移液管插入液面约 0.5 cm,加入 2 mL H_2SO_4。小心盖好瓶塞,来回剧烈摇动水样瓶,使其充分混合,直至沉淀全部溶解,并有碘析出。放在暗处 5 min。

(4)滴定 用移液管取 50 mL 经上述处理过的水样于 250 mL 锥形瓶中,立即用 $Na_2S_2O_3$ 溶液滴定,至水样呈淡黄色时,加入 1 mL 1% 淀粉溶液,继续滴定至蓝色刚好消失,记录 $Na_2S_2O_3$ 溶液的用量。每一实验组做 3 个平行样品,取平均值。

[**注意事项**]

(1)水样采集和处理整个过程不能有气体进入,如水样瓶中有气泡,则样品作废。

(2)$Na_2S_2O_3$ 溶液需要标定。

[**实验结果**]

1. 计算溶氧量

$$溶氧量(O_2, mg/L) = MV \times 8\ 000/50$$

式中,M 为 $Na_2S_2O_3$ 溶液浓度(mol/L);V 为滴定时消耗 $Na_2S_2O_3$ 溶液体积(mL);50 为 50 mL 水样。

2. 计算鱼的耗氧量 [mg O_2/(g·h)]

$$耗氧量 = \frac{(A_1 - A_2) \times V}{W}$$

式中,A_1 为进水口溶氧量(mg O_2/L);A_2 为出水口溶氧量(mg O_2/L);V 为流速(L/h);W 为鱼体重(g)。

3. 统计全班实验结果,以平均值±标准差表示,以温度为横坐标,耗氧量(平均值)为纵坐标作鱼类耗氧量–温度曲线,并加以分析讨论。

[**附**]

1. 测定鱼类耗氧量流水式装置(图 8-2-2)

2. $Na_2S_2O_3$ 溶液的标定

(1)0.025 mol 重铬酸钾标准溶液 称取于 105~110℃ 烘干 2 h 并冷却的 $K_2Cr_2O_7$,1.225 8 g,溶于水,移入 1 000 mL 容量瓶中,稀释到标线,摇匀。

(2)(1+5)硫酸溶液。

(3)1% 淀粉。

(4)于 250 mL 碘量瓶中,加入 100 mL 水和 1 g KI,加入 10 mL 0.025 mol 重铬酸钾标准溶液,5 mL(1+5)H_2SO_4 溶液,加塞,摇匀。于暗处静置 5 min 后,用待测定的 $Na_2S_2O_3$ 溶液滴定至溶液呈淡黄色,加入 1 mL 淀粉溶液,继续滴定至蓝色刚好褪去,记录用量。

$$M = \frac{10.00 \times 0.025\ 00}{V}$$

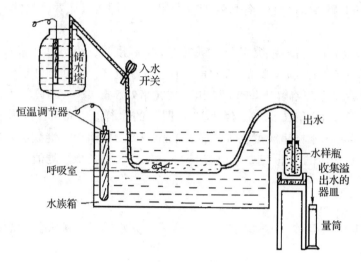

图 8-2-2 流水式鱼类耗氧量测定装置示意图

式中，M 为 $Na_2S_2O_3$ 溶液浓度（mol/L）；V 为滴定时 $Na_2S_2O_3$ 溶液消耗的体积（mL）。

实验 8.3 甲状腺素对代谢的影响

[实验目的]

将小鼠分为对照组与给药组，分别观察动物在密闭广口瓶的活动与存活时间，或测定两组动物的平均耗氧量，了解甲状腺素对机体代谢的影响。

[实验原理]

甲状腺素可显著提高动物的基础代谢，增加动物的耗氧量和对缺氧的敏感性，降低动物对缺氧的耐受性。将灌服甲状腺素制剂的动物置于密闭容器中，动物容易因缺氧窒息而死亡。

[实验对象]

小鼠。

[实验药品]

甲状腺激素制剂。

[仪器与器械]

鼠笼、鼠饮水器、注射器或灌胃管、广口瓶（500 mL）、耗氧量测量装置（见实验 8.1）。

[实验方法与步骤]

1. 实验准备

(1)将健康小鼠按性别、体重(18~22 g)平均分为对照组与给药组，每组 10~15 只。

(2)给药组小鼠采用灌胃法灌服甲状腺激素制剂，每日 5 mg，连续给药 2 周。对照组动物应用灌胃法灌服生理盐水。

2. 实验项目

实验方法有两种，可选择其中一种进行实验。

(1)将每只小鼠分别放入 500 mL 广口瓶中，瓶口密封后，立即计时，观察动物的活动，记录小鼠的存活时间。

(2)按实验 8.1 介绍的实验方法，分别测得每只动物的耗氧量。

[注意事项]

(1)室温升高能增加动物对缺氧的敏感性，故实验室宜保持在 25℃左右。

(2)应将动物进行编号。

[实验结果]

1. 统计全组动物的实验结果，计算出平均存活时间，最后比较实验组与对照组的平均存活时间，并加以讨论。

2. 统计全组动物的实验结果，计算出每组动物的平均耗氧量，最后比较实验组与对照组的平均耗氧量，并加以讨论。

[思考题]

1. 甲状腺素对动物能量代谢有何影响？其作用机制是什么？

2. 影响代谢率的因素有哪些？

第9章 泌尿与渗透压调节

实验9.1 影响尿液生成的因素

[实验目的]

学习用膀胱套管或输尿管套管引流的方法；观察不同生理因素对动物尿量的影响，加深对尿生成调节的理解。

[实验原理]

尿液是血液流过肾单位时经过肾小球滤过肾小管重吸收和分泌而形成的，凡对这些过程有影响的因素都可影响尿的生成。肾小球的滤过作用取决于肾小球的有效滤过压，其大小取决于肾小球毛细血管血压，血浆的胶体渗透压和肾小囊内压，影响肾小管重吸收作用的因素主要有管内渗透压和肾小管上皮细胞的重吸收能力，后者又被多种激素所调节。

[实验对象]

兔。

[实验药品]

20%氨基甲酸乙酯(或3%戊巴比妥钠)、0.9%NaCl 溶液、肝素生理盐水溶液(100 U/mL)、生理盐水、20%葡萄糖溶液、班氏试剂、1:10 000 去甲肾上腺素、神经垂体素、呋塞米(速尿)。

[仪器与器械]

计算机生物信号采集处理系统(或生理记录仪、电子刺激器)、压力换能器、保护电极、记滴器、恒温浴槽、哺乳动物手术器械一套、兔手术台、气管插管、膀胱导管(或输尿管导管)、动脉插管、注射器(1 mL、20 mL)及针头、烧杯、试管架及试管、酒精灯。

[实验方法与步骤]

1. 标本的制备

(1)实验兔在实验前应给予足够的草和水。

(2)动物称重，静脉注射20%氨基甲酸乙酯(5 mL/kg)进行麻醉，待动物麻醉后仰卧固定手术台上。

(3)颈部手术 暴露气管，施气管插管。分离左侧颈总动脉，按常规将充满肝素生理盐水的动脉插管插入其内，通过血压换能器连至记录装置，描记血压。分离右侧的迷走神经，穿线备用，用温生理盐水纱布覆盖创面。

（4）尿液的收集　可选用膀胱导管法或输尿管插管法（图 9-1-1）。

①膀胱导尿法：自耻骨联合上缘向上沿正中线做 4 cm 长皮肤切口，再沿腹白线剪开腹壁及腹膜（勿伤腹腔脏器），找到膀胱，将膀胱向尾侧翻至体外（勿使肠管外露，以免血压下降）。再于膀胱底部找

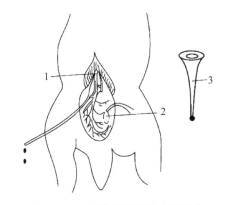

图 9-1-1　兔输尿管及膀胱导尿法
1. 输尿管；2. 插膀胱导尿部位；3. 膀胱导管

出两侧输尿管，认清两侧输尿管在膀胱开口的部位。小心地从两侧输尿管下方穿一丝线，将膀胱上翻，结扎膀胱颈部。然后，在膀胱顶部血管较少处做一荷包缝合，再在其中央剪一小口，插入膀胱导管，收紧缝线、结扎、固定。膀胱导管的喇叭口应对着输尿管开口处并紧贴膀胱壁，膀胱导管的另一端通过橡皮导管和直管连接至记滴器，并在它们中间充满生理盐水。

②输尿管插管法：沿膀胱找到并分离两侧输尿管，在靠近膀胱处穿线将它结扎；再在此结扎前约 2 cm 的近肾端穿一根线，在管壁剪一斜向肾侧的小切口，插入充满生理盐水的细塑料导尿管，并用线扎住固定，此时可看到有尿滴滴出。再插入另一侧输尿导管。将两插管并在一起连至记滴器。手术完毕后，用温生理盐水纱布覆盖腹部切口。

2. 连接实验装置

（1）计算机生物信号采集处理系统将压力换能器接在第 2 通道，尿滴记录线接在记滴器上，通过计滴器与系统的第 4 通道连接，描记尿的滴数，刺激电极与系统的刺激输出相连。

（2）生理记录仪、刺激器、记滴器先将记滴电极连至生理、药理多用仪的记滴输入，再用外接线将生理、药理多用仪的记滴信号和时间标记信号输入生理记录仪的外接信号输入插座，由记录仪的两个标记描笔分别记录尿滴和时间间隔（10 s）；压力换能器的输出连至生理记录仪的上线记录血压；刺激电极连于刺激器输出。

手术和连接实验装置完成后，放开动脉夹，开动记滴器，记录血压及尿量，进行下列观察。

3. 实验项目

（1）记录正常情况下每分钟尿分泌的滴数。

（2）耳缘静脉注射 38℃ 的 0.9% NaCl 溶液 15~20 mL，观察血压和尿量的变化。

（3）取尿液 2 滴至装有 1 mL 班氏试剂的试管中，在酒精灯上加热做尿糖定性实验，然后耳缘静脉注射 38℃ 的 20% 葡萄糖溶液 5 mL，观察尿量的变化。待尿量明显增多时，再取尿液 2 滴做尿糖定性试验。

（4）耳缘静脉注射去甲肾上腺素（1∶10 000）0.5 mL，观察血压和尿量的变化。

（5）结扎并切断右侧迷走神经，连续刺激迷走神经的外周端 20~30 s，使血压降至

6.67 kPa(50 mmHg)左右，观察血压和尿量的变化。

（6）耳缘静脉注射呋塞米(5 mg/kg)，观察血压和尿量的变化。

（7）耳缘静脉注射神经垂体素 1~2 U(0.2 mL)，观察血压和尿量的变化。

[注意事项]

（1）选择兔体重在 2.5~3.0 kg，实验前给兔多喂菜叶，或用橡皮导尿管向兔胃内灌入 40~50 mL 清水，以增加基础尿量。

（2）手术动作要轻柔，腹部切口不宜过大，以免造成损伤性闭尿。剪开腹壁避免伤及内脏。

（3）因实验中要多次进行耳缘静脉注射，因此要注意保护好兔的耳缘静脉。应从耳缘静脉的远心端开始注射，逐渐向耳根部推进。

（4）输尿管插管时，注意避免插入管壁和周围的结缔组织中；插管要妥善固定，不能扭曲，否则会阻碍尿的排出。

（5）实验顺序的安排是：在尿量增加的基础上进行减少尿生成的实验项目，在尿量少的基础上进行促进尿生成的实验项目。一项实验需在上一项实验作用消失，血压、尿量基本恢复正常水平时再开始。

（6）刺激迷走神经强度不宜过强，时间不宜过长，以免血压过低、心跳停止。

[实验结果]

剪贴实验结果，记录各项实验所见的血压(包括收缩压、舒张压、平均压)和尿量变化。统计全班实验结果，用平均值±标准差表示，分析这些变化产生的原因。

[思考题]

1. 静脉快速注射生理盐水对尿量和血压有何影响？为什么？
2. 静脉注射去甲肾上腺素对尿量和血压有何影响？为什么？
3. 静脉注射葡萄糖对尿量和血压有何影响？为什么？
4. 电刺激迷走神经外周端对尿量和血压有何影响？为什么？

实验 9.2　肾小球血流的观察

[实验目的]

了解肾小球的形态、结构及肾小球的血液循环情况。

[实验原理]

按质量单位计算，肾脏是机体内供血量最多的器官，来自肾动脉的血液经入球小动脉先分支形成肾小球毛细血管网，汇合成出球小动脉后，又围绕肾小管和集合管形成第二套毛细血管网，这种特点适应于肾脏的泌尿过程。

　　蛙或蟾蜍肾的边缘有一大血管通过，到肾的前端时开始分叉，所以在肾前端能很好地观察到肾小球血流的情况。

[实验对象]
蛙或蟾蜍。

[仪器与器械]
显微镜(有较强光源)、有孔蛙板、蛙手术器械、棉球、解剖针、眼科镊、剪刀、任氏液、大头针。

[实验方法与步骤]

1. 标本的制备

(1)调好显微镜光源及焦距。

(2)用解剖针破坏蛙的脑和脊髓，使蛙处于完全瘫痪状态，然后将其仰置于有孔蛙板上。

(3)从左侧(或右侧)偏离腹中线 1 cm 处剖开腹腔并做横切(前面达腋下，后面到腿部)，然后沿脊柱剪去一块长方形腹壁的皮肤和肌肉，以一棉球把内脏推向对侧。将蛙置于有孔蛙板的圆孔上，蛙体遮住孔的 1/3~1/2，用眼科镊在腹壁小心地镊起与肾相连的薄膜(如果是雌蛙，可将输卵管拉出，其内侧与肾相连)。

(4)用大头针将薄膜固定在圆孔上，周围用大头针以 45°插在圆孔边缘(以便放入接物镜)；同时将蛙四肢也用大头针固定在有孔蛙板上，以防止移动；用药棉球将蛙板底部揩净，再用镊子将肾脏底面的薄膜(壁层)去掉，然后将蛙板放于显微镜载物台上进行观察。

2. 观察项目

(1)用低倍镜观察肾小球的形态，可见肾小球是圆形的毛细血管团，外面包有肾球囊。

(2)观察肾小球血流情况，可见血液经入球小动脉流入肾小球，最后经出球小动脉流出的循环情况。

[注意事项]

(1)与蛙或蟾蜍的肾相连的有两层膜，与肾相连的称为脏层，其延续部折向腹壁称为壁层，应去除。如果是雌蛙，壁膜则与输卵管相连，而后折向肾脏下面，所以应小心将其去掉，但应注意不能将脏层的膜弄破。

(2)本实验以选择小蛙(或蟾蜍)及雄性的效果较好。

(3)如果冬天天气较冷，在实验前可将蛙或蟾蜍置于温水中浸泡 0.5 h，促进其血液循环后再进行实验。

[实验结果]
记录实验结果，并加以解释。

实验 9.3　鱼类渗透压调节

[实验目的]

掌握用冰点测定法测定鱼类渗透压的原理和方法；了解在不同环境下鱼类渗透压的变化。

[实验原理]

鱼类的渗透压可用渗透压计直接测得，但更普遍的是用间接方法测定，冰点测定法是其中之一。当某种物质溶于其他溶剂时，溶液的特征发生了变化。其渗透压升高、气化压降低，因此沸点升高而冰点(Δ)下降。1 mol 的电解质能使 1 kg 的水冰点下降 1.86 ℃，所以摩尔渗透浓度 $C = \Delta \cdot 1.86{-1}$。对于理想溶液，渗透压 $\pi = CRT$，其中 T 为绝对温度；R 为气体常数，在这种情况下为 0.082。

测定不同环境下鱼类血液和尿液渗透压的变化，可了解鱼类是如何进行渗透压调节的。

[实验对象]

驯养于不同水环境中的罗非鱼：淡水、25%海水、50%海水、75%海水、100%海水，驯养 24 h。

[实验药品]

间氨基苯甲酸乙酯甲磺酸盐(MS-222)。

[仪器与器械]

注射器、冰点测定器[如图 9-3-1 所示，在一个盛有碎冰和岩盐混合物(约 2∶1)的聚乙烯冷却器中插入套在一起的两个试管，内管可装待测样品，冰点温度计插在其中，另外还有两个搅拌器，样品中的搅拌器由不锈钢制成，冰盐混合液中的搅拌器是电镀的金属条或金属杆，温度计范围是+1～-5℃的，也可用5℃范围内的]。

冰盐混合物
样品搅拌器
温度计
样品
搅拌器

图 9-3-1　冰点测定装置

[实验方法与步骤]

1. 采血

用 1∶10 000～1∶45 000 的 MS-222 浸泡鱼体使之麻醉，从尾部静脉或心脏取出 4～5 mL 血液。

2. 收集尿液

用一支细的塑料管从泄殖孔插到膀胱内，把尿液抽到管中。

3. 校正温度计

约 5 mL 的蒸馏水放入内试管中（刚没过温度计的水银球即可），缓慢地摇使温度低于所期望的冰点（如-1.5℃），然后插入先在干冰中冷却的搅拌器诱导结冰，用力搅拌 20 s，记录稳定时的温度（如果没有干冰，则需用力搅拌或放入冰块诱导结冰。再把样品融化，重复上述过程，直到两次结果相近，这个温度便是正确的零点。

4. 测定样品的冰点

按上述方法测定不同鱼的血液、尿液以及它们的水环境样品的冰点（为了节省时间，样品可事先放在冰中冷却）。

5. 计算

$$渗透压 \ \pi = CRT$$
$$C = \Delta \cdot 1.86 - 1$$

其中，$T = (273+t)$，t 为实验时样品的温度（℃），将实验所得不同样品冰点的差值 Δ，代入上述公式，即可求得相应液体的渗透压。

[注意事项]

本实验应选择不同环境罗非鱼，在环境适应上非常关键。

[实验结果]

列表表示所得的实验数据，并讨论鱼类是如何进行渗透压调节的。

实验 9.4 　动脉血压、呼吸、泌尿综合实验

[实验目的]

通过观察动物在整体情况下，各种理化刺激引起循环、呼吸、泌尿等功能的适应性改变，加深对机体在整体状态下的整合机制的认识。

[实验原理]

动物机体总是以整体的形式存在，不仅以整体的形式与外环境保持密切的联系，而且可通过神经-体液调节机制不断改变和协调各器官系统（如循环、呼吸和泌尿等系统）的活动，以适应内环境的变化，维持新陈代谢正常进行。

[实验对象]

健康成年兔。

[实验药品]

20%氨基甲酸乙酯、0.5%肝素生理盐水、38℃生理盐水、1∶10 000 去甲肾上腺素溶液、1∶10 000 乙酰胆碱溶液、呋塞米（速尿）、神经垂体素、20%葡萄糖溶液、生理盐水、

3%乳酸、5% $NaHCO_3$溶液，CO_2气体、钠石灰。

[仪器与器械]

手术器械一套、兔手术台、动脉夹、注射器（1 mL、5 mL、50 mL）、计算机生物信号采集处理系统（或生理记录仪2台、刺激器、计滴器）、刺激电极、压力换能器、张力换能器、气管插管、橡皮管，球囊、动脉插管、输尿管插管（或膀胱套管）、剪刀、刻度试管、金属钩、铁支架、丝线。

[实验方法与步骤]

1. 实验准备

（1）麻醉固定　兔称重后，自耳缘静脉缓慢注入20%氨基甲酸乙酯（5 mL/kg），麻醉后仰卧固定于兔手术台。

（2）颈部手术

①行常规气管插管术。

②行右侧颈总动脉插管术，并连接压力换能器，记录血压。

（3）上腹部手术　上腹部剪毛，切开胸骨剑突部位的皮肤，沿腹白线切开长约2 cm的切口、小心分离、暴露剑突软骨及骨柄，用剪刀剪断剑骨柄，将缚有长线的金属钩钩于剑突中间部位，线的另一端连张力换能器，记录呼吸。

（4）下腹部手术　下腹部剪毛，沿耻骨上缘正中线切开皮肤约4 cm，剪开腹壁（不要伤及腹腔内器官），在腹腔底部找出两侧输尿管，实施输尿管插管术（也可做膀胱插管，暴露膀胱行膀胱漏斗结扎术）。

2. 连接实验装置

分别将压力换能器、张力换能器和记滴器与计算机生物信号采集处理系统（或生理记录仪）相连，选定各信号输入的通道，调整好波宽、增益、刺激强度、时间常数等实验参数，调整动脉血压波形、呼吸波形和尿滴，以便获得良好的观察效果。

3. 实验项目

（1）记录一段正常的动脉血压曲线、呼吸曲线和尿量。

（2）吸入 CO_2 气体　将装有 CO_2 的气囊（可用呼出气体）的管口对准气管插管，观察血压、呼吸及尿量的变化。

（3）缺氧　将气管插管的一侧管与装有钠石灰的广口瓶相连，广口瓶的另一开口与盛有一定量的空气气囊相连，此时动物呼出的 CO_2 可被钠石灰吸收。随着呼吸的进行，气囊里的 O_2 逐渐减少，可造成缺氧。观察血压、呼吸及尿量的变化。

（4）改变血液的酸碱度

①由耳缘静脉较快地注入3%乳酸2 mL观察 H^+ 增多时对血压、呼吸及尿量的影响。

②由耳缘静脉较快地注入5% $NaHCO_3$ 6 mL观察血压、呼吸及尿量的变化。

（5）夹闭颈总动脉　待血压稳定后，用动脉夹夹住左侧颈总动脉，观察血压、呼吸及尿量的变化。出现明显变化后去除夹闭。

（6）电刺激迷走神经和减压神经　将保护电极与刺激输出线（通道）连接，待血压恢复后，分别将右侧迷走神经、减压神经轻轻搭在保护电极上，选择刺激强度 6 V，刺激频率 40~50 次/min，刺激 15~20 s，观察血压、呼吸及尿量的变化。

(7)静脉注射生理盐水　由耳缘静脉快速注射 38℃ 生理盐水 30 mL，观察血压、呼吸及尿量的变化。

(8)静脉注射利尿药　待血压恢复后，由耳缘静脉注射速尿 0.5 mL，观察血压、呼吸及尿量的变化。

(9)静脉注射神经垂体素　在利尿药的背景上，由耳缘静脉缓慢注射神经垂体素 2 U，观察血压、呼吸及尿量的变化。

(10)静脉注射去甲肾上腺素(NE)　待血压恢复后，由耳缘静脉注射 1∶10 000 去甲肾上腺素溶液 0.15 mL/kg，观察血压、呼吸及尿量的变化。

(11)静脉注射乙酰胆碱(ACh)　待血压恢复后，由耳缘静脉注射 1∶10 000 乙酰胆碱溶液 0.15 mL/kg，观察血压、呼吸及尿量的变化。

(12)静脉注射葡萄糖　待血压恢复后，由耳缘静脉注射 20% 葡萄糖溶液 5 mL，观察血压、呼吸及尿量的变化。

(13)动脉放血　待血压恢复后，调节三通管使动脉插管与 50 mL 注射器(内有肝素)相通，放血 50 mL(放血后立即用肝素生理盐水将插管内血液冲回兔体内，以防凝血)，观察血压、呼吸及尿量的变化。

(14)回输血液　于放血后 5 min，经动脉插管将放出的血液全部回输入兔体内，观察血压、呼吸及尿量的变化。

[注意事项]

(1)在麻醉时，缓慢将药物推入，防止动物麻醉过量致死。

(2)剪断胸骨柄时，不能剪得过深，以免伤及其下附着的躯肌。

(3)做输尿管插管术时，要防止插入管壁肌层之间。

(4)术后要用湿纱布覆盖手术切口，以防水分流失。

(5)在前一项实验的作用基本消失后，再做下一步实验。

[实验结果]

记录各项实验前后动物血压、呼吸及尿量的变化(表 9-4-1)。

表 9-4-1　实验前后动物血压、呼吸及尿量的变化

实验因素	血压/mmHg			呼吸频率/(次/min)			尿量/滴		
	前	后	升降	前	后	增减	前	后	增减
1. 实验前									
2. 吸入 CO_2									
3. 缺氧									
4. 血液 H^+ 增加									
血液 HCO_3^- 增加									

（续）

实验因素	血压/mmHg			呼吸频率/（次/min）			尿量/滴		
	前	后	升降	前	后	增减	前	后	增减
5. 夹闭颈总动脉									
6. 刺激迷走神经									
刺激减压神经									
7. 静脉注射生理盐水									
8. 静脉注射利尿剂									
9. 静脉注射 ADH									
10. 静脉注射 NE									
11. 静脉注射 ACh									
12. 静脉注射葡萄糖									
13. 放血									
14. 回输血液									

［**思考题**］

试从动物机体整体状态下的整合机制分析讨论上述各项实验观察结果，并分析其作用机制。

第 10 章　神经与感觉生理

实验 10.1　脊髓反射的基本特征和反射弧的分析

[实验目的]

通过对脊蛙的屈肌反射分析，探讨反射弧的完整性与反射活动的关系；掌握反射时的测定方法，了解刺激强度和反射的关系；以蛙的屈肌反射为指标，观察脊髓反射中枢活动的某些基本特征，并分析它们产生可能的神经机制。

[实验原理]

在中枢神经系统的参与下，机体对刺激所产生的适应性反应过程称为反射。简单的反射只需通过中枢神经系统较低级的部位就能完成，较复杂的反射则需要由中枢神经系统较高级的部位整合才能完成。将动物的高位中枢切除，仅保留脊髓的动物称为脊动物。此时动物产生的各种反射活动为单纯的脊髓反射。由于脊髓已失去了高级中枢的正常调控，所以反射活动比较简单，便于观察和分析反射过程的某些特征。

反射活动的结构基础是反射弧。典型的反射弧由感受器、传入神经、神经中枢、传出神经和效应器 5 个部分组成。引起反射的首要条件是反射弧必须保持完整性。反射弧任何一个环节的解剖结构或生理完整性一旦受到破坏，反射活动就无法实现。

完成一个反射所需要的时间称为反射时。反射时除与刺激强度有关外，反射时的长短与反射弧在中枢交换神经元的多少及有无中枢抑制存在有关。由于中间神经元连接的方式不同，反射活动的范围和持续时间、反射形成难易程度都不一样。

[实验对象]

蟾蜍或蛙。

[实验药品]

H_2SO_4 溶液（0.1%、0.5%、1%）、1%可卡因或普鲁卡因。

[仪器与器械]

蛙类手术器械、铁支柱、探针、玻璃平皿、烧杯或搪瓷杯（500 mL）、小滤纸、铁支柱、纱布、秒表、双输出刺激器、通用电极（2 个）。

[实验方法与步骤]

1. 标本制备

取一只蟾蜍，用探针破坏蟾蜍大脑（或粗剪刀由两侧口裂剪去上方头颅），制成脊蟾蜍。将动物俯卧位固定在蛙板上，于右侧大腿背部纵行剪开皮肤，在股二头肌和半膜肌之间的沟内找到坐骨神经干，在神经干下穿一条细线备用。将脊蟾蜍悬挂在铁支柱上（图 10-1-1）。

2. 实验项目

（1）脊髓反射的基本特征

①骚扒反射：将浸有 1% H_2SO_4 溶液的小滤纸片贴在蟾蜍的下腹部，可见四肢向此处骚扒。之后将蟾蜍浸入盛有清水的大烧杯中，洗掉 H_2SO_4 滤纸片。

②反射时的测定：在玻璃平皿内盛适量的 0.1% H_2SO_4 溶液，将蟾蜍一侧后肢的一个脚趾浸入 H_2SO_4 溶液中，同时按动秒表开始记录时间，当屈肌反射一出现立刻停止计时，并立即将该足趾浸入大烧杯水中浸洗数次，然后用纱布擦干。此时秒表所示时间为从刺激开始到反射出现所经

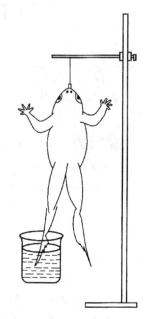

图 10-1-1　脊髓反射实验装置

历的时间，称为反射时。用上述方法重复 3 次，注意每次浸入趾尖的深度要一致，相邻两次实验间隔至少要 2~3 s，3 次所测时间的平均值即为此反射的反射时。

③按步骤②所述方法依次测定 0.5%、1% H_2SO_4 刺激所引起的屈肌反射的反射时。比较 4 种浓度的 H_2SO_4 所测得的反射时是否相同。

④反射阈刺激的测定：用单脉冲刺激一侧后足背皮肤，由大到小调节刺激强度，测定引起屈肌反射的阈刺激。

⑤反射的扩散和持续时间（后放）：将一个电极放在蟾蜍的脚趾皮肤上，先给予弱的连续阈上刺激观察发生的反应，然后依次增加刺激强度，观察每次增加刺激强度所引起的反应范围是否扩大，同时观察反应持续时间有何变化？并以秒表计算从刺激停止起，到反射动作结束之间共持续多少时间。比较弱刺激和强刺激的结果有何不同。

⑥时间总和的测定：用单个略低于阈强度的阈下刺激，重复刺激足背皮肤，由大到小调节刺激的时间间隔（即依次增加刺激频率），直至出现屈肌反射。

⑦空间总和的测定：用两个略低于阈强度的阈下刺激，同时刺激后足背相邻两处皮肤（距离不超过 0.5 cm），是否出现屈肌反射。

（2）反射弧的分析

①分别将左右后肢趾尖浸入盛有 1% H_2SO_4 的玻璃平皿内（深入的范围一致），双后肢是否都有反应？实验完后，将动物浸于盛有清水的烧杯内洗掉滤纸片和 H_2SO_4，用纱布擦干皮肤。

②在左后肢趾关节上做一个环形皮肤切口，将切口以下的皮肤全部剥除（趾尖皮肤一定要剥除干净），再用 1% H_2SO_4 溶液浸泡该趾尖，观察该侧后肢的反应。实验完后，将

动物浸于盛有清水的烧杯内洗掉滤纸片和 H_2SO_4，用纱布擦干皮肤。

③将浸有 1% H_2SO_4 溶液的小滤纸片贴在蛙的左后肢的皮肤上。观察后肢有何反应？待出现反应后，将动物浸于盛有清水的烧杯内洗掉滤纸片和 H_2SO_4，用纱布擦干皮肤。

④提起穿在右侧坐骨神经下的细线，剪断坐骨神经，用连续阈上刺激刺激右后肢趾，观察有无反应？

⑤分别以连续刺激刺激右侧坐骨神经的中枢端和外周端，观察该后肢的反应。

⑥以探针捣毁蟾蜍的脊髓后再重复上述步骤，观察有何反应？

[注意事项]

(1)制备脊蛙时，颅脑离断的部位要适当，太高会因保留部分脑组织而可能出现自主活动，太低又可能影响反射的产生。

(2)用 H_2SO_4 溶液或浸有 H_2SO_4 的纸片处理蛙的皮肤后，应迅速用自来水清洗，以清除皮肤上残存的 H_2SO_4，并用纱布擦干，以保护皮肤并防止冲淡 H_2SO_4 溶液。

(3)浸入 H_2SO_4 溶液的部位应限于一个趾尖，每次浸泡范围也应一致，切勿浸入太多。

[实验结果]

1. 描述各项实验结果，探讨形成的机制。
2. 说出有反射活动时的反射弧的组成。

[思考题]

1. 何谓时间总和与空间总和？
2. 分析产生后放现象的可能的神经回路。
3. 简述反射时与刺激强度之间的关系。
4. 右侧坐骨神经被剪断后，动物的反射活动发生了什么变化？这是损伤了反射弧的哪一部分？
5. 剥去趾关节以下皮肤后，不再出现原有的反射活动，为什么？

实验 10.2　大脑皮层运动机能定位和去大脑僵直

[实验目的]

通过电刺激兔大脑皮层不同区域，观察相关肌肉收缩的活动，了解皮层运动区与肌肉运动的定位关系及其特点；观察去大脑僵直现象，证明中枢神经系统有关部位对肌紧张有调控作用。

[实验原理]

大脑皮层运动区是躯体运动的高级中枢。皮层运动区对肌肉运动的支配呈有序的排列状态且随动物的进化逐渐精细，鼠和兔的大脑皮层运动区机能定位已具有一定的雏形。电刺激大脑皮层运动区的不同部位，能引起特定的肌肉或肌群的收缩运动。

中枢神经系统对肌紧张具有易化和抑制作用。机体通过二者的相互作用保持骨骼肌适当的紧张度，以维持机体的正常姿势。这两种作用的协调需要中枢神经系统保持完整性。如果在动物的中脑前(上)、后(下)丘脑之间切断脑干，由于切断了大脑皮层运动区和纹状体等部位与网状结构的功能联系，造成抑制区的活动减弱而易化区的活动相对地加强，动物出现四肢伸直，头尾昂起，脊背挺直等伸肌紧张亢进的特殊姿势，称为去大脑僵直。

[**实验对象**]
兔。

[**实验药品**]
20%氨基甲酸乙酯、生理盐水、液体石蜡。

[**仪器与器械**]
电子刺激器、刺激电极、哺乳动物手术器械、颅骨钻、骨钳、骨蜡(或明胶海绵)、纱布、棉球。

[**实验方法与步骤**]
1. 实验准备

(1)将兔称重，耳缘静脉注射20%氨基甲酸乙酯(0.5~1 g/kg)(麻醉不宜过深，也有人用2%普鲁卡因2~5 mL沿颅顶正中线做局部麻醉)，待动物达到浅麻醉状态后，背位固定于兔手术台上。

(2)颈部剪毛，沿颈正中线切开皮肤，暴露气管，安置气管插管；找出两侧的颈总动脉，穿线备用。

(3)翻转动物，改为腹位固定。剪去头顶部的毛，从眉间至枕部将头皮和骨膜纵行切开，用刀柄向两侧剥离肌肉和骨膜，用颅骨钻在冠状缝后，矢状缝外的骨板上钻孔(图10-2-1)，然后用骨钳扩大创口，暴露一侧大脑皮层，用注射针头或三角缝针挑起硬脑膜，小心剪去创口部位的硬膜，将37℃的液体石蜡滴在脑组织表面，以防皮层干燥。术中要随时注意止血，防止伤及大脑皮层和矢状窦。若遇到颅骨出血，可用骨蜡或明胶海绵填塞止血。

2. 实验项目

(1)术毕解开动物固定绳，以便观察动物躯体的运动效应。打开刺激器，选择适宜的刺激参数(波宽0.1~0.2 ms，频率20~50 Hz，刺激强度10~20 V，

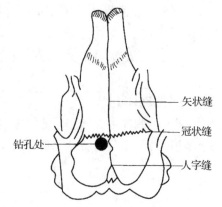

图10-2-1 兔颅骨标志图

每次刺激时间 5~10 s，每次刺激间隔约 1 min）。用双芯电极接触皮层表面(或双电极，参考电极放在兔的背部，剪去此处的被毛，用少许的生理盐水湿润，以便接触良好)，逐点依次刺激大脑皮层运动区的不同部位，观察躯体运动反应。实验前预先画一张兔大脑半球背面观轮廓图，并将观察到的反应标记在图上(图 10-2-2)。

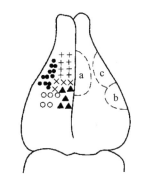

图 10-2-2 兔皮层机能定位图
a. 中央后区；b. 脑岛区；c. 下颌运动区；
● 头、下颌；▲ 前肢；+颜面肌和下颌；
✕ 前肢和后肢；○ 下颌

(2)去大脑僵直　用小骨钳将所开的颅骨创口向外扩展至枕骨结节，暴露出双侧大脑半球后缘。结扎两侧的颈总动脉。左手将动物头托起，右手用刀柄从大脑半球后缘轻轻翻开枕叶，即可见到中脑前(上)、(下)丘部分(前丘粗大，后丘小)，在前、后丘之间略倾斜，对准兔的口角的方位插入(图 10-2-3A)，向左右拨动，彻底切断脑干。使兔侧卧，10 min 后，可见兔的四肢伸直，头昂举，尾上翘，呈角弓反张状态(图 10-2-3B)。

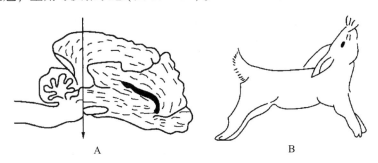

图 10-2-3 去大脑僵直实验
A. 脑干切断线；B. 兔去大脑僵直现象

[注意事项]

(1)麻醉不宜过深。

(2)开颅术中应随时止血，注意勿伤及大脑皮层。

(3)使用双极电极时，为防止电极对皮层的机械损伤，刺激电极尖端应烧成球形。

(4)刺激大脑皮层时，刺激不宜过强，刺激的强度应从小到大进行调节，否则影响实验结果，每次刺激应持续 5~10 s。

(5)切断部位要准确，过低会伤及延髓呼吸中枢，导致呼吸停止。

[实验结果]

描述用逐点依次刺激大脑皮层的各个部位时，躯体产生的反应和去大脑僵直现象，并加以分析。

[思考题]

1. 电极刺激大脑皮层引起肢体运动往往是左右交叉反应，为什么？
2. 简述去大脑僵直产生机制。

[附] 一种"非开颅法"进行去大脑僵直的实验方法

兔麻醉、皮肤切开同开颅法。暴露人字缝、矢状缝和冠状缝，在人字缝与冠状缝连线（即矢状缝）的前 2/3 和后 1/3 交界处向左或向右旁开 5 mm（图 10-2-4）为穿刺点。用探针乙在穿刺点上结一小孔，在颅顶呈现水平状态时，用 7 号注射针头自小孔垂直插入颅底并左右划动，完全横断脑干（图 10-2-5），数分钟后，可见动物四肢慢慢伸直，头后仰，尾上翘，呈角弓反张状态。如效果不明显，可将针稍向前倾斜，再次重复横断脑干动作，即可出现去大脑僵直现象。

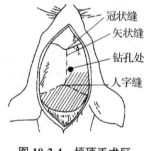

冠状缝
矢状缝
钻孔处
人字缝

图 10-2-4 颅顶手术区

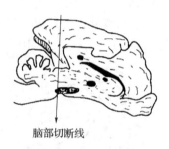

脑部切断线

图 10-2-5 非开颅法

实验 10.3 去小脑动物的观察

[实验目的]

观察动物的小脑损伤后对其肌紧张和身体平衡等躯体运动的影响。

[实验原理]

小脑是调节机体姿势和躯体运动的重要中枢，它接受来自运动器官、平衡器官和大脑皮层运动区的信息，其与大脑皮层运动区、脑干网状结构、脊髓和前庭器官等有广泛联系，对大脑皮层发动的随意运动起协调作用，还可调节肌紧张和维持躯体平衡。小脑损伤后会发生躯体运动障碍，主要表现为躯体平衡失调、肌张力增强或减退及共济失调。

[实验对象]

小鼠、蛙或蟾蜍、鲤鱼。

[实验药品]

乙醚。

[**仪器与器械**]

手术器械、鼠手术台、注射针头、棉球、烧杯。

[**实验方法与步骤**]

1. 实验准备

(1)麻醉　麻醉之前首先要注意观察小鼠的姿势、肌张力以及运动的表现。然后将小鼠罩于烧杯内，放入浸有乙醚的棉球使其麻醉，待动物呼吸变为深慢且不再有随意活动时，将其取出，俯卧位缚于鼠手术台上。

(2)手术

①破坏小鼠的一侧小脑：剪除头顶部的毛，用左手将头部固定，沿正中线切开皮肤直达耳后部。用刀背向两侧剥离颈部肌肉及骨膜，暴露颅骨，透过颅骨可见到小脑，在正中线旁开 1～2 mm(图 10-3-1)，用大头针垂直刺入一侧小脑，进针深度约 3 mm，然后左右前后搅动，以破坏该侧小脑。取出大头针，用棉球压迫止血。

②破坏蛙的一侧小脑：用湿纱布包裹蛙的身体，露出头部。以左手抓住蛙的身体，从鼻孔上部至枕骨大孔前缘(即鼓膜的后缘)沿眼球内缘用剪刀将额顶皮肤划出两条平行裂口，用镊子掀起该条皮肤，剪去，暴露颅骨，细心剪

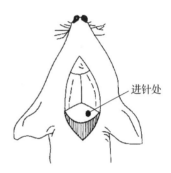

进针处

图 10-3-1　破坏小鼠小脑
位置示意图

去额顶骨，使脑组织暴露出来，直至延髓为止。辨认蛙脑各部分(图 10-3-2)。蛙小脑不发达，位于延脑前，呈一条横的皱褶，紧贴在视叶的后方。用玻璃分针将一侧的小脑捣毁，用小棉球轻轻堵塞止血，待 5～10 min 后即可开始实验。

③破坏鲤鱼的一侧小脑：用湿抹布包裹鱼身，露出头，于顶骨后 1/3 处，用骨钻钻开顶骨，用止血钳逐渐扩大创面，鲤鱼的小脑十分发达，小脑体近椭圆形，不分左右叶(图 10-3-3)。用小镊子夹取一侧小脑。

2. 实验项目

(1)将小鼠放在实验台上，待其清醒后观察其姿势、肢体肌肉紧张度的变化、行走时是否不平衡现象以及是否向一侧旋转或翻滚？

(2)观察蛙静止体位和姿势的改变，蛙在跳跃或游泳时有何异常？

(3)观察鱼游泳的姿势有何变化？

[**注意事项**]

(1)麻醉时间不宜过长，并要密切注意动物的呼吸变化，避免麻醉过深导致动物死亡。

(2)手术过程中如动物苏醒或挣扎，可随时用乙醚棉球追加麻醉。

(3)捣毁小脑时不可刺入过深，以免伤及中脑、延髓或对侧小脑。

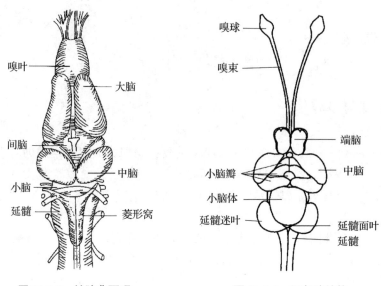

图 10-3-2　蛙脑背面观　　　　　　图 10-3-3　鲤鱼脑结构

[实验结果]

描述一侧小脑损伤后，动物的姿势和躯体运动有何异常？根据实验结果，总结小脑对躯体运动的调节功能。

实验 10.4　肌梭传入冲动的观察

[实验目的]

观察肌肉被动牵拉张力的变化(肌肉的负荷量变化)与肌梭感受器的传入冲动之间的关系。

[实验原理]

肌梭是骨骼肌的本体感受器。当肌肉受到牵拉或在梭内肌纤维收缩时都可产生传入冲动，经中枢反射性引起同一块肌肉的梭外肌收缩。此反射称为牵张反射或本体反射，在一定的范围内每根传入纤维发放冲动的频率与肌肉被动牵拉张力的大小呈正相关。

[实验对象]

蟾蜍。

[实验药品]

任氏液。

[仪器与器械]

计算机生物信号采集处理系统(或示波器、前置放大器、监听器)、引导电极、神经肌肉浴槽(缝匠肌浴槽)、蛙类手术器械、砝码、万能支架。

[实验方法与步骤]

1. 制备坐骨神经-缝匠肌标本

(1)按常规损毁蟾蜍脑和脊髓,剪去蟾蜍的前半身、内脏,剥去皮肤,分离两后肢。

(2)取一侧后肢,背位固定于蛙板上,找到起自耻骨外侧,止于胫骨上端内侧的缝匠肌。

(3)用玻璃分针沿缝匠肌内侧缘小心划开肌内、外侧肌膜(切勿过深),在该肌近耻骨端剪下一小片耻骨,用镊子轻轻提起骨片,从前至后分离缝匠肌。当分离到肌肉下 1/3 处时,轻轻提起肌肉的游离端,面对灯光,可见一支细神经从肌肉的内侧缘进入肌肉,然后分为两个小分支。

(4)沿此细小神经向中枢端追踪,分离坐骨神经至脊髓,连带一小块椎骨剪下。然后结扎缝匠肌胫骨端肌腱并剪断,将神经与缝匠肌标本起游离出来(图 10-4-1),置于任氏液中备用。

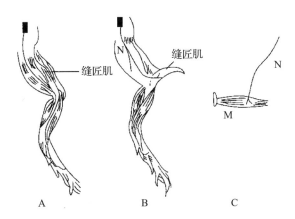

图 10-4-1 带神经的缝匠肌标本制作
A. 蟾蜍左后肢腹面;B. 支配缝匠肌的神经;C. 游离完毕的标本;
N. 神经;M. 缝匠肌

2. 连接实验装置

按图 10-4-2 将缝匠肌耻骨端的结扎线固定在标本浴槽内有机玻璃斜板下端的小桩上。记录电极使缝匠肌的内侧面(有神经的一面)朝上,将胫骨端结扎线通过一滑轮与砝码相连。浴槽内用任氏液将部分标本浸泡,溶液接地(也可使整个标本进行屏蔽)。神经置于引导电极上。

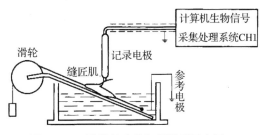

图 10-4-2 肌梭放电的记录装置示意图

(1) 使用计算机生物信号采集处理系统将引导电极导线连到系统的第 1 通道, 第 2 通道做第 1 通道的积分。其参数可设为, 增益: 200; 高频滤波: 10 kHz; 时间常数: 0.01 ~ 0.05 s, 采样频率: 2 000 ~ 5 000。

(2) 若使用前置放大器、示波器系统, 可将前置放大器高频滤波设为 10 kHz, 增益为 1 000, 输入选择为 0.01, 示波器灵敏度为 50 μV/cm。

3. 实验项目

(1) 观察肌梭的自发放电　观察并记录缝匠肌不加负荷时, 自发的基础放电情况(即传入神经冲动)。

(2) 观察不同负荷时的传入冲动　在滑轮上悬挂不同重量的砝码(通常用 1 ~ 10 g)时, 观察缝匠肌放电的变化。每次负重间隔 2 min, 统计每次负重后 10 s 的传入冲动数。

(3) 负重牵拉的速度对传入冲动的影响　分别把 5 g 的负重以快(即时)、中(约 3 s)、慢(约 6 s)三种速度加于肌肉上, 观察缝匠肌放电的变化。

(4) 持续负重时的传入冲动　在砝码盘中加 5 g 砝码持续牵拉肌肉。从开始负重时起, 每 10 s 统计一次传入冲动数, 直至 1 min。

[**注意事项**]

(1) 制备标本时要细心, 分离神经和缝匠肌时不要夹捏或过度牵拉神经和肌腱, 以免损伤神经或肌肉。

(2) 整个实验过程中, 置于任氏液外的肌肉也要用任氏液浸润, 以防止标本干燥。

(3) 标本要屏蔽好。

(4) 结果观察后, 要及时取下砝码, 以防过度牵拉而致标本损伤, 两个相邻实验项目之间应间隔 2 min。

[**实验结果**]

1. 以负荷重量为横坐标, 增加负荷后 10 s 的脉冲数·s^{-1} 为纵坐标, 做放电频率与负荷的关系曲线。

2. 以负荷重量的对数为横坐标, 增加负荷后 10 s 的脉冲数·s^{-1} 为纵坐标, 做放电频率与负荷的关系曲线。

[**思考题**]

1. 用不同重量牵拉肌腱时, 传入冲动数有何改变? 为什么?

2. 负重牵拉的速度对传入冲动有何影响?

3. 持续负重时传入冲动有何变化?

4. 肌肉收缩时对传入冲动有何影响?

实验 10.5　破坏动物一侧迷路的效应观察

［实验目的］

通过破坏迷路的实验方法，观察迷路在调节肌张力与维持机体姿势中的作用。

［实验原理］

内耳迷路中的前庭器官是感受头部空间位置和运动的感受器装置，其功能在于反射性地调节肌紧张，维持机体的姿势与平衡。如果损坏动物的一侧前庭器官，机体肌紧张的协调就会发生障碍，动物在静止或运动时将失去维持正常姿势与平衡的能力。

［实验对象］

蟾蜍、蛙、豚鼠或鸽。

［实验药品］

氯仿、乙醚。

［仪器与器械］

常规手术器械、探针、棉球、滴管、水盆、蛙板、纱布。

［实验方法与步骤］

1. 破坏豚鼠的一侧迷路

取健康豚鼠，侧卧保定，使动物头部侧位不动，抓住耳郭轻轻上提暴露外耳道，用滴管向外耳道深处滴 3 处滴注 2~3 滴氯仿。氯仿通过渗透作用于半规管，破坏该侧迷路的机能。7~10 min 后放开动物，观察动物头部位置、颈部和躯干及四肢的肌紧张度。

可见动物头部偏向迷路功能破坏了的一侧，并出现眼球震颤症状。任其自由活动时，可见豚鼠向迷路功能破坏了的一侧做旋转运动或滚动。

2. 破坏蛙的一侧迷路

选择游泳姿势正常的蛙，用乙醚将其麻醉。将蛙上颌的腹面朝上，用镊子夹住蛙的下颌并向下翻转，使其口张开。用手术刀或剪刀沿颅底骨切开或剪除颅底黏膜，可看到"十"字形的副蝶骨。副蝶骨左右两侧的横突即迷路所在部位，将一侧横突骨质剥去一部分，可看到粟粒大小的小白丘，即迷路位置的所在部位（图 10-5-1）。用探针刺入小白丘深约 2 mm 破坏迷路。7~10 min 后，观察蛙静止和爬行的姿势及游泳的姿势。可观察到动物头部偏向迷路破坏一侧，游泳时也偏向迷路破坏一侧。

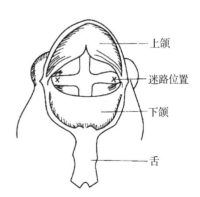

图 10-5-1　蛙迷路的破坏

3. 破坏鸽子的一侧迷路

(1)首先观察鸽子的运动姿势，然后用乙醚轻度麻醉鸽子，切开头颅一侧的颞部皮肤，用手术刀削去颞部颅骨，用尖头镊子清除骨片，可看到 3 个半规管。

(2)用镊子将半规管全部折断，然后缝合皮肤。

(3)待鸽子清醒后(约 20 min)观察它的姿势有无变化？

(4)将鸽子放在高处令其飞下，观察其飞行姿势有无异常？

(5)将鸽子放在鸽笼内，旋转鸽笼，观察鸽子头部及全身的姿势反应，与正常鸽子相比较，有何不同？

[**注意事项**]

(1)氯仿是一种高脂溶性的全身麻醉剂，其用量要适度，以防动物麻醉死亡。

(2)蛙的颅骨板很薄，损伤迷路时要准确了解解剖部位，用力适度，避免损伤脑组织。

[**思考题**]

破坏动物的一侧迷路后，头及躯干状态有哪些改变？如何解释？

第11章 生殖、内分泌生理

实验11.1 甲状腺对蝌蚪变态的影响

[实验目的]

通过甲状腺素对蝌蚪变态作用的观察，了解甲状腺对动物机体发育的影响。

[实验原理]

甲状腺分泌的甲状腺素除维持机体的正常代谢作用外，还参与胚胎的发育过程，可以促进组织的分化和成熟(图11-1-1)。蝌蚪的变态明显受甲状腺素的影响，甲状腺素缺乏，蝌蚪就不能变成蛙，若增加甲状腺素，则加速蝌蚪变成蛙。

[实验对象]

蝌蚪。

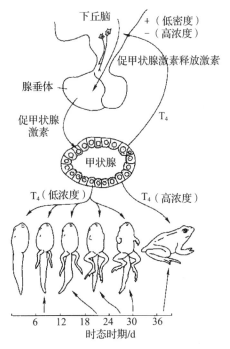

图11-1-1 甲状腺素在控制蛙变态中的作用

蝌蚪发育成蛙可分三个阶段：第一阶段约20 d，垂体的正中隆起尚未分化，促甲状腺激素释放激素与促甲状腺激素的分泌较低，甲状腺尚未成熟，只结合碘合成甲状腺素；第二阶段约20 d，正中隆起分化，甲状腺成熟，摄碘量和分泌甲状腺素量增加，产生缓慢的形态变化；最后阶段完成变态，成体形成(仿Spratt，1971)

[实验药品]

甲状腺素片(或新鲜甲状腺)、10% KI 溶液。

[仪器与器械]

玻璃平皿、尺子等。

[实验方法与步骤]

1. 实验准备

准备 3 个玻璃平皿,每只盛 300 mL 池塘水,玻璃平皿内放少许水草,并分别编号。第一个玻璃平皿作对照组,池塘水中不加任何物质;第二个玻璃平皿中滴加 10% KI 溶液数滴;第三个玻璃平皿中加 6~12 滴甲状腺素。

取长度约 10 mm 的蝌蚪 18 只,分成 3 组,每组 6 只,放于上述 3 个玻璃平皿内。各玻璃平皿的水及所加物质隔日更换一次。

2. 实验项目

每次换水时测蝌蚪长度,并观察其变态情况,做好记录(蝌蚪长度的测量可用小勺将其舀出,放于小玻璃平皿内,玻璃平皿下方放上划有方格的白纸,这样可量出蝌蚪长度)。

[注意事项]

甲状腺素的量加入不能过多,否则很快会造成蝌蚪死亡。

[实验结果]

实验结果如图 11-1-2 所示。

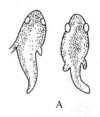

图 11-1-2　甲状腺素对蝌蚪变态的影响

A. 不喂甲状腺素;B. 喂甲状腺素

[思考题]

1. 甲状腺素的生理作用主要有哪些?

2. 加入 KI 的作用是什么?

实验 11.2 胰岛素、肾上腺素对血糖的影响

[实验目的]
了解胰岛素、肾上腺素对血糖的影响。

[实验原理]
血糖含量主要受激素的调节。胰岛素使血糖浓度降低，肾上腺素可使血糖浓度升高。通过对实验动物注射适量的胰岛素来观察低血糖症状的出现，然后注射适量肾上腺素，可见低血糖症状消失，从而了解胰岛素和肾上腺素对血糖的影响。

[实验对象]
兔或小鼠。

[实验药品]
胰岛素、0.1%肾上腺素、20%葡萄糖溶液、生理盐水。

[仪器与器械]
注射器、针头、恒温水浴锅等。

[实验方法与步骤]
1. 实验准备
取禁食 24~36 h 的兔 4 只，称重后分别编号，1 只为对照兔，3 只为实验兔。
2. 实验项目
(1)给 3 只实验兔分别从耳缘静脉按 30~40 U 的剂量注射胰岛素，对照兔则从耳缘静脉注射约等量的生理盐水。经 1~2 h，观察并记录各兔有无不安、呼吸急促、痉挛，甚至休克等低血糖反应。
(2)待实验兔出现低血糖症状后，立即给实验兔 1 静脉注射温热的 20%葡萄糖溶液 20 mL；实验兔 2 静脉注射 0.1%肾上腺素(0.4 mL/kg)；实验兔 3 静脉注射等量温热生理盐水，仔细观察并记录结果。
若实验对象采用小鼠时，选体重相近的小鼠 4 只，按兔的实验方法进行分组。给 3 只实验鼠每只皮下注射 1~2 U 的胰岛素，对照鼠注入等量生理盐水。等实验鼠出现低血糖症状后，1 只腹腔(或尾静脉)注射 20%葡萄糖溶液 1 mL，1 只皮下(或尾静脉)注射 0.1%肾上腺素 0.1 mL，1 只腹腔(或尾静脉)注射 1 mL 生理盐水作对照，观察并详细记录实验结果。

[注意事项]

实验动物在实验前须禁食 24 h 以上。

[实验结果]

分析讨论所观察到的结果。

[思考题]

调节血糖的激素主要有哪些？各有何生理功能？影响这些激素分泌的主要因素是什么？

实验 11.3　肾上腺摘除动物的观察

[实验目的]

了解肾上腺皮质的生理机能。

[实验原理]

肾上腺位于肾的前(上)端，根据其胚胎发生、组织结构和生理功能不同，分为皮质部和髓质部。皮质分泌的激素生理作用广泛，为维持机体生命和正常的物质代谢所必需；髓质分泌的激素与交感神经功能类似。动物在摘除两侧肾上腺后，皮质功能失调现象迅速出现，甚至危及生命。而髓质功能缺损在正常情况下不会危及生命。

本实验通过外科手术摘除肾上腺，观察实验动物在不同实验条件下的反应，并由此来分析肾上腺的某些机制。

[实验对象]

大鼠或小鼠。

[实验药品]

碘酊、酒精棉球、乙醚、生理盐水、可的松。

[仪器与器械]

常用手术器械、小动物解剖台、天平、滴管、秒表、点温仪等。

[实验方法与步骤]

1. 实验准备

选取品种、性别相同，体重相近的大鼠 16 只，随机分为 4 组，每组 4 只，第 1 组为对照组，第 2~4 组为实验组。将大鼠扣于大烧杯中用浸有乙醚的棉球将其麻醉后(勿麻醉过深)，俯卧固定于解剖台上，于最后肋骨至骨盆区之间背部剪去被毛，消毒后，从最后胸椎处向后沿背部正中线切开皮肤 1.0~2.0 cm(图 11-3-1)，在一侧背最长肌外缘分离肌肉，剪开腹腔，扩创，略将肝脏前推，暴露脂肪囊，找到肾脏，在肾的前方即可找到由脂肪组织包埋的粉色绿豆大小的肾上腺，用小镊子轻轻摘除肾上腺(与肾脏之间的血管和组织可用镊子夹住片刻，不必结扎血管)。然后将皮肤切口向另一侧牵拉，用同样的方法摘除另一侧肾上腺。最后缝合肌层和皮肤，消毒。对照组的大鼠也做同样的手术，但不摘除肾上腺。

2. 实验项目

(1)给对照组和实验 1 组大鼠只饮清水，给实验 2 组大鼠只饮生理盐水，实验 3 组大鼠除饮清水外每日用滴管灌服可的松两次(20 μg/kg)。连续 3 d，观察比较各组大鼠体重、体温、进食情况、肌肉紧张度等变化，解释其原因。

(2)应急反应实验　手术 3 d 后全部均喂清水，禁食 2 d。然后将各组大鼠投入 4℃的水槽中游泳，观察记录各组动物溺水下沉的时间。对下沉大鼠立即捞出，记录其恢复时间。分析比较各组大鼠游泳能力和耐受力有何差异，并说明理由。

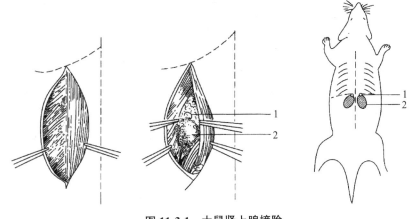

图 11-3-1　大鼠肾上腺摘除
1. 肾上腺；2. 肾脏

[注意事项]

实验动物的麻醉勿过深，正确掌握肾上腺的摘除手术。

[实验结果]

通过实验结果，综合分析肾上腺对动物生命活动及应急反应的生理机制。

实验 11.4　血中甲状腺素的放射免疫测定

[实验目的]

通过测定动物血清(或血浆)中甲状腺素(T_4)含量，初步掌握放射免疫法(radio immuno assay，RIA）的测定原理和方法。

[实验原理]

被测抗原（Ag，如血中 T_4）与放射性同位素标记的抗原（$^*Ag$，如^{125}I-T_4）对它们的特异性抗体（Ab；T_4 抗血清）具有竞争性结合能力。

$$^*Ag+Ab \rightleftharpoons {}^*Ag-Ab$$
$$+$$
$$Ag$$
$$\Updownarrow$$
$$Ag-Ab$$

当特异性抗体的量一定，且少于标记抗原与未标记抗原之和时，未标记抗原的量越大，标记抗原与抗体结合生成的结合物（$^*Ag-Ab$）的量就越少。在这种条件下标记抗原与抗体的结合百分率可用下式表示：

$$\frac{B}{B_0}\%$$

式中，B 为已知浓度的某未标记抗原和标记抗原进行竞争性结合后，标记的抗原和抗体的结合率；B_0 为标记的抗原和抗体在没有未标记抗原竞争的情况下的结合率。

这样 $^*Ag-Ab$ 的量同抗原的量之间就存在着一定的函数关系。以已知标准的未标记抗原（T_4）的不同浓度为横坐标，以其相应结合百分率做纵坐标，绘制标准（剂量反应）曲线。

实验以被检动物血清（血浆）样品的 T_4 和 ^{125}I-T_4，对一定量的 T_4 抗血清中的抗体产生竞争性结合，使用沉淀剂将其抗原–抗体结合物沉淀，测定沉淀物的放射强度（cpm）。计算被检样品的抗原–抗体结合率，可在标准曲线上查到相应的 T_4 的含量。

[实验对象]

各种动物。

[实验药品]

被检动物血清（或血浆）、检测 T_4 药盒、巴比妥缓冲液。

试剂配制：

（1）0.075 mol/L pH 8.6 的巴比妥缓冲液　称 15.6 g 巴比妥钠溶于 900 mL 蒸馏水中，用 6 mol/L HCl 调节 pH 值到 8.6，加 0.1 g 叠氮钠、0.5 g 牛血清蛋白，最后加蒸馏水至 1 000 mL。

（2）标准 T_4 工作液　将不同量分装的标准冻干品 5 瓶，准确地用缓冲溶液（各瓶加 0.5 mL）稀释成为 20 ng/mL、40 ng/mL、80 ng/mL、160 ng/mL、320 ng/mL，放于 4℃冰箱内备用。

（3）^{125}I-T_4 应用液　将 ^{125}I-T_4 冻干品用缓冲液稀释成约 100 000 cpm/mL。

（4）T_4 抗血清应用液　将 T_4 抗血清（即抗体）冻干品按药盒要求的滴度稀释，放于 4℃

冰箱备用。

（5）免疫沉淀剂　用相对分子质量 6 000 的聚乙二醇（PEG）60 g 溶解于缓冲溶液中，使体积为 200 mL，即 30% PEG 溶液，放在 4℃冰箱备用。

［仪器与器械］

γ-计数仪、微量加样器及塑料吸头（50 μL、100 μL、1 000 μL）、测定管、试管架、防水记号笔、恒温水浴锅、试管振荡器、蠕动泵、离心机、冰箱。

［实验方法与步骤］

（1）制备被检样品　待血凝固后，分离血清或取抗凝血液经 3 000 r/min 离心 10 min，分离血浆。

（2）将测定管编号　零标准管（B_0）和空白管（N）各为 3 管，T4 不同浓度标准管（20 ng/mL、40 ng/mL、80 ng/mL、160 ng/mL、320 ng/mL）和样品管（S）均为双管平行。

（3）各管按操作程序（表 11-4-1）加入各项试剂，加入抗血清后，振荡混匀，置于 37℃水浴中保温 1 h。

（4）保温后取出，待冷继续加试剂 PEG 溶液，加完后充分振荡、混匀、离心（3 000 r/min）20 min。

（5）在已离心的测定管中任抽 3 管置于 γ-计数仪先测定其放射性强度，求其平均值即表示每管的总放射性强度（总 T_4）。

（6）将各管上清液用蠕动泵抽去（包括已测定的 3 管），然后全部置于 γ-计数仪测定每管沉淀物（B）的放射性强度。

表 11-4-1　T_4 放射免疫测定操作程序　　　　　　　　　　　　μL

	零标准管 (B_0)	标准管浓度/（ng/mL）					空白管 (N)	样品管 (S)
		20	40	80	160	320		
T_4 标准品		50	50	50	50	50		
样品（血浆或血清）								50
缓冲液							100	
^{125}I-T_4（标记物）	100	100	100	100	100	100	100	100
T_4 抗血清（抗体）	100	100	100	100	100	100		100
在振荡器上每管振荡 30 s，置于 37℃水浴中保温 1 h								
去 T_4 抗血清*	50						50	
免疫沉淀剂（PEG）	500	500	500	500	500	500	500	500

注：*去 T_4 血清由试剂盒内配备。

［注意事项］

（1）所有试剂均须预冷，避免反复冻融。

（2）加样器必须调准校准。加不同试剂、样品必须更换吸头，避免误差。

（3）测定管应用聚苯乙烯或聚氯乙烯试管，而玻璃试管常因管壁厚薄不一致，影响 γ-计数。

（4）试剂尽量加到试管下部，靠近液面，但吸头不要与液面接触。加样后必须振荡，混匀。

（5）抽吸上清液时，必须小心吸尽，但切勿吸走沉淀物，以免影响结果。

（6）注意防护，在操作过程中，切勿使 ^{125}I 标记物液体外溢，避免放射性污染桌面或地面。测定后将污染的试管放在指定器具内。

［实验结果］

（1）按下列公式分别计算标准管结合百分率和样品管结合百分率。

$$标准管结合百分率\left(\frac{B}{B_0}\%\right)=\frac{各标准管\ \mathrm{cpm}-试剂空白管(N)\mathrm{cpm}}{零标准管(B_0)\mathrm{cop}-试剂空白管(N)\mathrm{cpm}}\times100$$

$$样品管结合百分率\left(\frac{S}{S_0}\%\right)=\frac{各样品管(S)\mathrm{cpm}-试剂空白管(N)\mathrm{cpm}}{零标准管(B_0)\mathrm{cop}-试剂空白管(N)\mathrm{cpm}}\times100$$

式中，B、S 为已知浓度（或样品）的未标记抗原和标记抗原与抗体进行竞争性结合后，标记的抗原和抗体的结合率；B_0、S_0 为标记（或样品）抗原和抗体在没有标记抗原的存在的情况下与抗体的结合率（可以是同一值）；试剂空白管（N）cpm，只有标记抗原，而无抗体的非特异性结合的放射强度。

（2）以已知标准抗原（T_4）的不同浓度为横坐标，以其相应结合百分率作纵坐标，绘制标准（剂量反应）曲线（图 11-4-1）。

（3）以样品的相应结合百分率 $[S/S_0(B_0)]$，从标准曲线中查出 T_4 值。

（4）结合百分率也可用 B/T 率表示：其中 B 为标准管（或样品管）的放射性强度，T 为总放射性强度平均值（包括 Ag-Ab 和游离 *Ag 放射强度之和，即上述步骤 5 所说）。纵坐标用 B/T 的结合百分率表示。

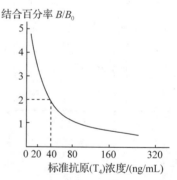

图 11-4-1　T_4 放射免疫测定的标准曲线

（5）也可将标准曲线经过 Logit 转换而成为直线，然后用回归方程计算出激素的含量。先将标准曲线直线化；用直线回归公式求 b 和 a 值：

$$b=\frac{\varepsilon x'y-\dfrac{\varepsilon x'\cdot\varepsilon y'}{n}}{\varepsilon x'^2-\dfrac{(\varepsilon x')^2}{n}}$$

$$a=\frac{\varepsilon y'}{n}-b\cdot\frac{\varepsilon x'}{n}$$

式中，ε 表示回归常数。

计算 T_4 含量（ng/mL）：

$$X = \lg^{-1}\frac{a-y'}{-b}$$

实验 11.5　乳中孕酮的酶联免疫测定

[实验目的]

通过对乳汁中孕酮含量的测定，了解酶联免疫吸附分析法（enzyme linked immunosorbent assay，ELISA）的基本原理与检测技术。

[实验原理]

酶联免疫吸附分析法（ELISA）是通过化学的方法将酶与抗原或抗体结合，形成酶标记物（或通过免疫学方法将酶与抗酶抗体结合，形成免疫复合物）。这些酶标记（复合）物仍保持其免疫性和酶活性，再与相应的抗体或抗原发生反应，形成酶标记的免疫复合物。结合在免疫复合物上的酶，在遇到相应酶底物时，经催化水解及氧化还原等反应，形成有色产物。酶降解底物的量与呈现色泽浓度成正比。由此，可反映被测定的抗原或抗体的量。

与放射免疫测定法（RIA）相似，利用被测抗原与酶标记抗原对特异性抗体进行竞争结合，测试（加入的）标记在抗原上的酶催化底物所产生的颜色反应。当特异性抗体量一定，且小于被测抗原和酶标记抗原时，未标记抗原浓度越高，酶标记抗原和抗体的结合就越受到抑制，显色越浅，显色的深浅与酶量呈正相关，而与样品中抗原含量呈负相关。

抗原+抗体 = 抗原-抗体+底物→不显色

酶标抗原+抗体 = 酶标抗原-抗体+底物→显色　　　　　　　　（11.5-1）

以标准抗原的不同浓度为横坐标，以比色的光密度值（OD）或相应的结合率（OD/OD_0%）为纵坐标，绘制标准曲线。根据被检样品的结合率在标准曲线上可查到相应的含量。

目前，人们还可以使一些小分子的类固醇激素（如孕酮）与大的蛋白质分子（如牛血清蛋白）结合，成为完全抗原，并按免疫学原理获得抗体。通过检测酶标记该完全抗原的竞争性结合率，来测定该激素的含量。

[实验动物]

奶牛。

[实验药品]

发情牛的鲜奶。

试剂配制：

（1）孕酮抗血清　由 11α-孕酮-牛血清白蛋白（11α-P4-BSA）免疫兔子所得，效价在 1：10^4 以上。

（2）标准孕酮　用脱激素奶将标准孕酮稀释为一系列不同的浓度，如 0.125 pg/μL、0.25 pg/μL、0.5 pg/μL、1 pg/μL、2 pg/μL、4 pg/μL、8 pg/μL、16 pg/μL。

(3)酶标孕酮 即孕酮-辣根过氧化物酶结合物(P-HRP),由 11α-孕酮-半琥珀酸(11α-P-HS)和辣根过氧化物酶(HRP)通过共价键联结而成,稀释度大于 $1:10^6$ 以上。

(4)包被缓冲液 0.05 mol/L pH 9.6 碳酸缓冲液,用于稀释抗血清。

Na_2CO_3	1.59 g
NaN_3	0.2 g
$NaHCO_3$	2.93 g

溶于 1 000 mL 蒸馏水中。

(5)测定缓冲液0.1 mol/L pH 7.0 磷酸缓冲液,其中含 0.87% NaCl 和 0.1%牛血清蛋白(BSA),用于酶标抗原及样品的稀释。

$Na_2HPO_4 \cdot 12H_2O$	21.85 g
$NaH_2PO_4 \cdot 2H_2O$	6.08 g
NaCl	8.70 g
BSA	1.00 g

溶于 1 000 mL 蒸馏水中。

(6)底物缓冲液 pH 5.4 磷酸盐-柠檬酸缓冲液,用于底物液的配制。

柠檬酸($C_6H_8O_7 \cdot H_2O$)	0.47 g
$Na_2HPO_4 \cdot 12H_2O$	2.00 g

溶于 100 mL 蒸馏水中。

(7)底物液 用于显色。

取 10 mg/mL 四甲基联苯胺硫酸盐(TMBS)或二甲亚砜液(DMSO)0.2 mL,加入底物缓冲液至 5 mL,使用前加 50 μL 0.6%的 H_2O_2 溶液。

(8)终止液 2 mol/L H_2SO_4 溶液,用于终止显色反应。

浓 H_2SO_4 1 份,蒸馏水 9 份。

(9)冲洗液 含 0.05%吐温(Tween)20,pH 7.4 的磷酸缓冲液,用于冲洗酶标板。

$Na_2HPO_4 \cdot 12H_2O$	2.9 g
KH_2PO_4	0.2 g
NaCl	8.0 g
KCl	0.2 g
Tween 20	0.5 mL

溶于 1 000 mL 蒸馏水中。

(10)脱激素(孕酮)奶 发情牛奶通过由葡聚糖凝胶包被的活性炭吸附而得,用于标准孕酮的稀释。

以 5.0 g 活性炭和 0.5 g 葡聚糖(G25)溶于 250 mL 不含 BSA 的测定缓冲液,磁力搅拌器搅拌 30 min,成为用葡聚糖包被的活性炭(DCC)。取 DCC 一份,加等量奶样,3 000 r/min离心 10 min,取上清液即为脱激素奶。

[仪器与器械]

聚苯乙烯板(酶标板)、酶标测定仪、试剂瓶、微量加样器(50 μL、200 μL、1 000 μL)及塑料吸头、恒温水浴锅、水箱、磁力搅拌器。

[实验方法与步骤]

1. 酶标板的预处理

新制的酶标板含有有机成分，使用前先用无水乙醇浸泡 2 h 以上，再用蒸馏水冲洗干净，37℃烘干或阴干。

2. 制作孕酮抗血清稀释度曲线及选择孕酮抗血清工作浓度

将孕酮抗血清稀释成不同浓度，包被同一酶标板的不同孔眼后，测其光密度，其目的是选择最适抗血清稀释工作浓度。随着抗血清浓度的下降，光密度也随之下降，一般初选光密度值(OD)为 1.0 左右时的稀释度为孕酮抗血清的工作浓度(图 11-5-1)。

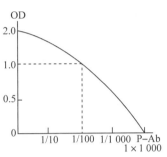

图 11-5-1 抗血清稀释曲线

3. 制作酶标孕酮稀释曲线及选择酶标孕酮工作浓度

以初选的抗血清稀释度包被酶标板，将酶标孕酮稀释成不同浓度，绘出酶标孕酮稀释曲线，选择斜率最大并有一定光密度值的稀释度为工作浓度。

4. 酶联免疫分析的操作步骤(按表 11-5-1 程序进行)

(1) 加孕酮抗体 酶标板第一纵列为空白，加包被液 200 μL 作为参比孔，其他各列均加最适稀释度的孕酮抗血清 200 μL 稀释好的抗血清，置 4℃冰箱过夜。

(2) 冲洗未吸附的游离抗体 取出包被 28 h 以上的酶标板。吸去孔内液体，用冲洗缓冲液洗 3 次，吸干。

表 11-5-1 乳中孕酮酶联免疫测定程序表 μL

	空白孔 (N)	标准孔浓度/(pg/μL)									样品孔 (S)
		0	0.125	0.25	0.5	1.0	2.0	4.0	8.0	16.0	
包被液(4℃)	200										
最适稀释浓度的抗血清工作液		200	200	200	200	200	200	200	200	200	200
4℃冰箱 28 h 用冲洗缓冲液冲洗 3 次，吸干											
去激素(孕酮)奶	100	100									
标准孕酮			100	100	100	100	100	100	100	100	
稀释(5 倍)乳样											100
最适稀释浓度的酶标孕酮	100	100	100	100	100	100	100	100	100	100	100
37℃恒温孵育 3 h 用冲洗缓冲液冲洗 3 次，吸干											
新鲜底物液(显色)	200	200	200	200	200	200	200	200	200	200	200
H_2SO_4(终止反应)	50	50	50	50	50	50	50	50	50	50	50

(3)加待检奶样或标准孕酮　在空白孔和 0 标准孔中加 100 μL 去激素(孕酮)奶；其他标准孔中，每孔加 100 μL 标准孕酮；样品孔中加 5 倍稀释的脱脂奶样 100 μL。每个样品至少有两个重复。

(4)加酶标孕酮　每孔加以所选最适稀释浓度的酶标孕酮 100 μL。

(5)温育酶标板　置 37℃ 恒温箱 3 h。

(6)冲洗未结合的孕酮　方法同(2)。

(7)显色反应　每孔加 200 μL 新鲜配制的底物液，室温放置 45~60 min，或 37℃ 30 min，让其充分显色。

(8)终止反应　每孔加 50 μL 2 mol/L H_2SO_4 溶液，终止酶促反应。

(9)检测　用酶标测定仪检测波长 450 nm 处的光密度值(OD_{450})。

5. 计算

测得样品的 OD 值或结合率(占 0 管 OD 值的百分比)，可从标准曲线上直接查到相应的孕酮含量。

[注意事项]

(1)用于包被的抗血清浓度必须合适，过高就不存在结合的竞争性。

(2)奶样中含有测定干扰物，因此标准品用脱激素奶样稀释，可以校正非特异性。

(3)免疫反应温度不能超过 40℃，以免影响抗原抗体结合物的生成，防止不利于抗原抗体结合物的生成以及使酶与抗血清的活性降低。一般 37℃ 温育 3 h，38℃ 温育 2.5 h。

(4)所用微量加样器，要求吸样准确，应进行检查校正。

[实验结果]

绘制标准曲线图，并报告样品测定的结果。

[思考题]

试比较 ELISA 与 RIA 方法的异同点。

实验 11.6　啮齿动物动情周期的检查

[实验目的]

熟悉啮齿动物动情周期的检查方法。

[实验原理]

啮齿类动物动情周期的不同阶段，阴道黏膜发生比较典型的周期性变化，据此可判断动情周期的各个阶段。卵巢释放的雌激素有促使雌性动物发情，促进子宫内膜增生，阴道上皮增生角化的作用。本实验通过给小鼠注射雌激素使其发情，取不同发情阶段阴道黏液涂片，观察组织学变化。

[实验对象]

雌性小鼠。

[实验药品]

己烯雌酚、瑞氏染色液、蒸馏水、生理盐水。

[仪器与器械]

显微镜、载玻片、棉签、注射器、鼠笼等。

[实验方法与步骤]

1. 实验准备

(1)选择 1 月龄 10 g 左右的未成熟雌性小鼠 2 只,一只皮下注射己烯雌酚 20 μg/d,连续注射 2 d,另一只作对照。注意观察实验鼠,待其外阴部出现发情症状后,每天早、中、晚 3 次取阴道黏液涂片至发情间期。

(2)制作阴道黏液涂片 将棉签用生理盐水湿润后插入阴道中,蘸取阴道内容物均匀地涂布于载玻片上,自然干燥后,用瑞氏染色法染色。

2. 实验项目

在显微镜下观察阴道涂片的组织学变化(图 11-6-1)。

(1)发情前期 可见大量脱落的有核上皮细胞(多呈卵圆形)。

(2)发情期 可见很多大而扁平,边缘不整齐的无核角化鳞状细胞,没有白细胞及上皮细胞。

(3)发情后期 角化上皮细胞减少,并出现有核上皮细胞和白细胞。

(4)发情间期 有白细胞及黏液。

[注意事项]

(1)注意取阴道黏液的部位和时间。

(2)按要求进行染色。

[实验结果]

观察小鼠发情间期、发情前期、发情期、发情后期的上皮细胞变化。

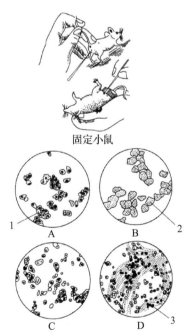

固定小鼠

图 11-6-1 小鼠阴道涂片的显微镜观察
A. 发情前期;B. 发情期;
C. 发情后期;D. 发情间期
1. 上皮细胞;2. 角化细胞;3. 白细胞

[思考题]

动物的动情周期主要受哪些因素的影响?

实验 11.7 精子活力的测定

[实验目的]

通过对精子活力的测定了解精子的品质,掌握精子活力测定的方法。

[实验原理]

精子活力主要是指精子的运动情况,精子的运动有直线前进运动、旋转运动和振摆运动。评定精子的活力是指直线运动精子占精子总数的百分数。

[实验对象]

各种家畜或鱼类的新鲜精液。

[实验药品]

0.9% NaCl 溶液。

[仪器与器械]

显微镜、显微镜保温箱、载玻片、盖玻片、玻璃棒。

[实验方法与步骤]

(1)用玻璃棒蘸取新鲜精液或用 0.9% NaCl 稀释的精液,滴在载玻片上,加上盖玻片,中间不要有气泡,用暗视野进行观察,统计精子 3 种运动的情况。

(2)计算精子直线的前进运动与精子总数的比值即可表示精子的活力。

[注意事项]

(1)精子的采集必须在 22~26℃ 的实验室内进行,哺乳动物的精子最好是在 37℃ 的保温箱内进行。

(2)在暗视野中进行观察。

(3)盖玻片与载玻片之间不能有气泡,显微镜的载物台不能倾斜。

[实验结果]

根据精子直线运动情况进行初步分级。A 级:直线运动;B 级:旋转运动;C 级:振摆运动。

[思考题]
为什么精子活力的测定只用直线运动的精子?

实验 11.8　金鱼的应激反应

[实验目的]
学习了解皮质醇放射免疫测定的基本原理和方法;了解应激反应中鱼类血浆皮质醇的变化规律及生理机制。

[实验原理]
脊椎动物的应激反应主要包括两个方面:一方面是肾上腺髓质–交感神经系统的兴奋,另一方面是肾上腺皮质释放皮质类固醇激素增加。皮质醇是主要的皮质激素,在应激反应中起重要作用。动物如果没有皮质醇,就会失去应激反应的能力,以至死亡。
　　本实验通过用放射免疫法测定受刺激金鱼血浆中皮质醇含量,观察血浆皮质醇含量变化与应激反应的关系(测定原理详见实验 11.4)。

[实验对象]
个体较大的金鱼或其他鱼类。

[实验药品]
(1)皮质醇免疫测定试剂盒　内含^{125}I标记的皮质醇示踪液和缓冲液,皮质醇标准品及含有皮质醇抗体的凝胶。按试剂盒上的说明进行如下操作:
①配制 7 管皮质醇标准液:每管加入 5.0 mL 双蒸水,盖上瓶盖,振荡摇匀,贮于冰箱中,使用前在室温下至少存放 60 min 以上。
②配制好^{125}I示踪液和缓冲液,将示踪液倒入一个 500 mL 的容量瓶中,用缓冲液把小瓶中残留的示踪液洗净,也倒入容量瓶中,再把剩余的缓冲液也倒入容量瓶中,混匀,贮存在冰箱中。
③抗体涂在测定管壁内。
(2)间氨基苯甲酸乙酯甲磺酸盐(MS-222)。

[仪器与器械]
加样器(10 μL、20 μL、50 μL、200 μL、1 000 μL)及加样头、试管、抽滤装置、振荡器、高速离心机、γ-计数器。

[实验方法与步骤]

1. 取正常金鱼血样

从驯养于水族箱的未受惊的金鱼中取出 4~5 条，直接放入 0.1% MS-222 溶液中。此过程要快，尽量不惊动水族箱中剩下的鱼。当鱼鳃盖停止运动时，即可进行取样。一手抓鱼，另一手擦干鱼身上和尾部的水，用手术刀从尾柄处切断尾部，用含有肝素粉的注射器（不要针头）直接从血液流出的地方抽取血液，尽量取血，放入微量离心管中，立即离心。小心取出血浆，移入另一微量离心管中，冰箱贮存。

2. 取应激状态下的金鱼血样

驱赶水族箱中的金鱼，使其运动数分钟；或用网捞起，又放回去，重复多次。刺激 5 min、30 min、60 min 后取血样，每次捞出 4~6 尾，按上述相同的方法麻醉、取血、离心、收集血浆，贮存于冰箱中。

3. 放射免疫测定

测定前所有试剂、标准品、测定管和血浆样品都需回升到室温。将每一个标准样品用双蒸水稀释 10 倍，每个样品也分别做 1 : 10 稀释。按下列顺序进行操作，每一个样品都有两个平行管。

(1) 以 30 s 或 1 min 的时间间隔向对应的管号中加入标准样品或血浆样品。

(2) 在每一测定管中准确加入 1 mL ^{125}I 标记的皮质醇示踪液，振荡混匀。

(3) 室温下孵育 90 min。

(4) 以与加样同样的时间间隔用抽滤的方法，吸走上清液，要保证吸走所有液体。

(5) 加入 4 mL 双蒸水，再吸去上清液。

(6) 在 γ-计数器中测定放射性强度，每管测 10 min。

4. 计算

(1) 取平行管放射性强度的平均值减去空白管的本底，为正常鱼血浆的放射性强度。

(2) 结合率

$$\frac{B}{B_0}(\%) = \frac{\text{标准品或样品放射性强度}}{B_0 \text{放射性强度}} \times 100$$

(3) 以结合率为纵坐标，标准皮质醇含量为横坐标绘制标准曲线，然后根据样品的 B/B_0 值从标准曲线上查出皮质醇含量，如果样品是做 1 : 100 稀释的，则其含量要乘 10 倍。

[注意事项]

(1) 实验鱼至少要在水族箱中驯化 10 d 以上。

(2) 测定的准确性很大程度上取决于加样是否准确，所以实验前必须熟练掌握加样器的操作方法。

[实验结果]

比较分析不同应激状态下，金鱼皮质醇分泌量的差异，探讨皮质醇与应激反应的关系。

实验 11.9　鱼类的性外激素

[实验目的]

了解鱼类性外激素的作用途径和产生部位，初步掌握鱼类性外激素测定和鉴别方法。

[实验原理]

泥鳅在生殖时出现明显的产卵交配行为。现已证明排卵的雌泥鳅能分泌一种性外激素，以引诱雄泥鳅进行交配活动。研究结果表明：

(1)只有排卵的雌鱼(成熟卵已脱离滤泡膜，而游离在卵巢腔内)才分泌诱导雄鱼出现交配行为的性外激素。

(2)雄鱼主要通过嗅觉感受这种性外激素。

(3)雌鱼的性外激素在释放到体外之前主要存在于卵巢腔和生殖腔的液体内。

(4)在排卵后雌鱼的性外激素对雄鱼的吸引作用大约只持续 3 h。

(5)雌鱼释放性外激素的作用是让雄鱼觉察到，雌鱼已经排卵，引诱雄鱼及时排精进行交配行为，以利于精、卵顺利结合。

[实验对象]

泥鳅亲鱼雌雄若干尾。

[仪器与器械]

水族箱、迷宫、黏胶。

[实验方法与步骤]

1. 准备亲鱼

挑选性腺发育充分的雌、雄泥鳅若干尾，驯养在小水族箱中，水温保持在 20~24℃，于背鳍基部的肌肉中注射人绒毛膜促性腺激素（hCG）以诱导雌鱼排卵(剂量：500~800 U/100 g)。注射 15 h 后，每隔 0.5 h 轻轻压雌鱼的腹部，以检察是否开始排卵，排卵的雌鱼 1 h 内用来进行实验。

部分雄鱼用不溶于水的黏胶阻塞鼻孔，使其失去嗅觉。注射和阻塞鼻孔的操作都在麻醉的情况下进行。

2. 制备实验的实验液

用排卵泥鳅排出的卵及卵巢分别做成 3 种实验液：①浸润卵的液体；②排出的卵研磨

后制成的液体；③卵巢（3 g）研磨后制成的液体。

3. 交配实验

在小水族箱内，先放 3~5 尾雄泥鳅，0.5 h 后放 1 尾已开始排卵的雌泥鳅，观察其产卵和交配行为。可用另一个小水族箱，以同样的方法，放 1 尾未排卵的雌鱼，做对照，观察是否有产卵和交配行为。

4. 迷宫实验

在长方形的水族箱中（长 380 cm；宽 15 cm；高 15 cm），后半部用玻璃板分隔为左右两室，分别放入 1 尾已开始排卵的雌泥鳅和 1 尾未排卵的雌泥鳅。5 min 后在该水族箱的前端放入 6 尾雄泥鳅，静待 10 min，让它们感受雌泥鳅释放的性外激素，并做出选择，观察、比较游向已排卵雌鱼和未排卵雌鱼的数目，并做记录。同法对 3 种实验液进行实验，以观察比较 3 种实验液对雄鱼的引诱情况。

5. 嗅觉感受性外激素的实验

在小水族箱中放 3~5 尾鼻孔阻塞的雄鱼，0.5 h 后放 1 尾雌泥鳅，观察是否出现产卵交配行为。或在水族箱中放入 1 尾密封在玻璃管内已排卵的雌鱼玻璃管，观察雄鱼是否还能通过嗅觉感受作用产生行为交配。

6. 已排卵泥鳅释放性外激素引诱雄鱼持续的时间

将已产卵的雌泥鳅每隔 1 h，放入已有雄鱼的水族箱中，观察两种鱼产卵、交配反应持续的时间。随着产卵后时间的推移，其性外激素的诱导作用逐渐下降，以至消失。

[**实验结果**]

记录三种液体对雄鱼的影响时间，分析环境和排卵时间对雄鱼感知性外激素的影响。

实验 11.10　鱼类的体色（实验设计）

[**实验目的**]

了解鱼类体色变化的机制；掌握区别 5 个等级的色素细胞指数；初步了解各种激素和药物对鱼类体色的影响及其研究方法。

[**实验原理**]

鱼类和其他脊椎动物一样，体色的生理变化是由于色素细胞内色素颗粒的运动而造成阴暗和着色的不同引起。如果色素颗粒移到细胞周围，颜色就充分显示；如果色素颗粒浓集并向细胞核集中，鱼类体色变淡。色素的移动受神经和激素的调节。交感神经末梢和肾上腺髓质分泌的去甲肾上腺素能使黑色素浓集，而副交感神经末梢分泌的乙酰胆碱和垂体分泌的促黑激素使色素散布；松果体分泌的褪黑激素使黑色素集聚。眼和松果体是光感受器，能把外界环境的信息传送到神经或内分泌系统，以调节控制鱼体色的变化。

研究鱼类体色色素散布程度，可采用以下 5 级色素细胞指数表示（图 11-10-1）。

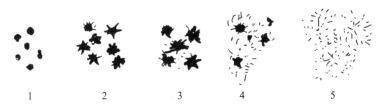

图 11-10-1　色素细胞的 5 级指数表示法

[设计要求]

以斗鱼或金鱼这种体色鲜艳的小型鱼类作为实验对象，从观察整体体色和活体鱼的鳞片上色素细胞的色素颗粒的浓集或散布情况，判定色素细胞指数；研究神经递质、激素、光照对体色的影响，从而总结鱼类体色的神经体液调控机制。

[注意事项]

(1)观察乙酰胆碱和肾上腺素对色素细胞的色素颗粒移动的影响时，可先以 10^{-4} g/mL MS-222 溶液将鱼轻度麻醉，拔去鳞片置于载玻片上，将载玻片浸泡在试剂中一段时间后，再用解剖镜观察。

(2)以新鲜斗鱼或鲤鱼的垂体匀浆液配制成 1 粒/mL 垂体提取液，采取注射的方式给药，观察效果。

实验 11.11　乳羊的排乳反射

[实验目的]

了解家畜排乳是一个复杂的反射过程，它是通过神经、内分泌两条途径实现的。

[实验原理]

家畜排乳为条件与非条件的复合反射过程，并有脑垂体后叶素参与。

[实验对象]

泌乳的羊(或牛)。

[实验药品]

催产素(或垂体素)。

[仪器与器械]

计算机生物信号采集处理系统(或二道记录仪)、导乳管、记滴器、计时器、量筒、注射器。

[**实验方法与步骤**]

(1)将处于泌乳期的羊固定在支架中，将导乳管插入右侧乳头，即有乳汁徐徐流出，用量筒盛取并测其体积，即为乳池乳。

(2)在乳导管下安置记滴器，并将记滴器连接到计算机生物信号采集处理系统(或二道记录仪)的一个通道，进入影响乳液生成的实验，然后进行下列实验：

①待乳汁流出稳定后，让该羊的羊羔出现，但不予以哺乳，观察排乳的改变。

②手挤左乳头，观察右乳头排乳情况变化的全过程，并量取该反射乳的量。

③排乳稳定后，用消毒过的注射器在羊臀部肌注垂体后叶素 5 IU，观察乳汁排出变化的潜伏期、持续时间、增加量，连续观察 20 min 以上。

[**思考题**]

详细观察各步反应的全过程，并重点比较手挤乳头和肌注垂体后叶素产生的不同影响，分析其机理。

参考文献

陈克敏，2001. 实验生理科学教程[M]. 北京：科学出版社.

陈其才，1995. 生理学实验[M]. 北京：科学出版社.

邓群根，1994. 生理学实验指导[M]. 北京：人民卫生出版社.

高建新，赵晓光，陈连璧，1999. 生理学实验指导[M]. 北京：人民卫生出版社.

高兴亚，汪晖，戚晓红，等，2001. 机能实验学[M]. 北京：科学出版社.

韩济生，1993. 神经科学纲要[M]. 北京：北京医科大学，中国协和医科大学联合出版社.

胡还忠，2002. 医学机能学实验教程[M]. 北京：科学出版社.

黄敏，李冬冬，2002. 医学机能实验学[M]. 北京：科学出版社.

霍洪亮，2013. 人体及动物生理学实验指导[M]. 北京：高等教育出版社.

金天明，2022. 动物生理学实验教程[M]. 北京：清华大学出版社.

刘少金，胡祁生，2001. 生理学实验指导[M]. 武汉：武汉大学出版社.

刘宗柱，战新梅，2017. 动物生理学实验[M]. 北京：高等教育出版社

路纪琪，张书杰，2008. 动物生理学与生理学实验指导[M]. 郑州：郑州大学出版社.

栾新红，2012. 动物生理学实验指导[M]. 北京：高等教育出版社.

倪迎冬，2016. 动物生理学实验指导[M]. 北京：中国农业出版社.

彭克美，2021. 畜牧兽医基础实验指导[M]. 北京：中国农业出版社.

钱玉昆，殷金珠，1994. 实用免疫学新技术[M]. 北京：北京医科大学，中国协和医科大学联合出版社.

沈岳良，2002. 现代生理学实验教程[M]. 北京：科学出版社.

孙敬方，2001. 动物实验方法学[M]. 北京：人民卫生出版社.

孙庆伟，杨君佑，孟庆芳，等，1996. 生理学实验指导[M]. 北京：中国医药科技出版社.

王鸿利，2001. 实验诊断学[M]. 北京：人民卫生出版社.

王月影，朱河水，2019. 动物生理学实验教程[M]. 北京：中国农业大学出版社.

魏华，2000. 鱼类生理学实验指导（讲义）[M]. 上海：上海水产大学出版社.

吴垠，桂远明，2021. 水生动物生理机能学实验[M]. 北京：中国农业出版社.

萧家思，2000. 医用机能实验指导[M]. 北京：高等教育出版社.

杨秀平，2002. 动物生理学[M]. 北京：高等教育出版社.

药理学实验编写组，1995. 药理学实验[M]. 北京：人民卫生出版社.

应如海，2019. 动物生理学实验指导[M]. 合肥：安徽大学出版社.

朱思明，1997. 生理学实验指导[M]. 北京：人民卫生出版社.

附录 1 常用生理溶液、试剂、药物的配制与使用

1. 常用生理溶液的成分及配制方法(附表 1-1~附表 1-3)

附表 1-1 配制生理代用液所需的基础溶液及所加量

原液成分及浓度	任氏液(Ringer)	乐氏液(Locke)	台氏液(Tyrode)
20%NaCl/mL	32.5	45.6	40
10%KCl/mL	1.4	4.2	2
10%CaCl$_2$/mL	1.2	2.4	2
1%NaH$_2$PO$_4$/mL	1	—	5
5%MgCl$_2$/mL	—	—	2
5%NaHCO$_3$/mL	4	2	20
葡萄糖/g	2.0(可不加)	1.0~2.5	1
蒸馏水加至/mL	1 000	1 000	1 000

附表 1-2 几种生理代用液中的固体成分的含量

成分	任氏液 用于两栖类	乐氏液 用于哺乳类	台氏液 用于哺乳类小肠	生理盐水 两栖类	生理盐水 哺乳类
NaCl/g	6.5	9	8	6.5	9
KCl/g	0.14	0.42	0.2	—	—
CaCl$_2$/g	0.12	0.24	0.2	—	—
NaHCO$_3$/g	0.2	0.1~0.3	1	—	—
NaH$_2$PO$_4$/g	0.01	—	0.05	—	—
MgCl$_2$/g	—	—	0.1	—	—
葡萄糖/g	2.0(可不加)	1.0~2.5	1	—	—
加蒸馏水至/mL	1 000	1 000	1 000	1 000	1 000
pH 值	7.2	7.3~7.4	7.3~7.4	—	—

附表 1-3 最常见的几种淡水鱼生理代用液配方

成分	Burnslock(1958)	Wolf(1963)	Jaeger(1965) [*]
NaCl/g	5.9	7.2	6
KCl/g	0.25	0.38	0.12
CaCl$_2$/g	0.28	0.162	0.14
MgSO$_4$·7H$_2$O/g	0.29	0.23	—
NaHCO$_3$/g	2.1	1	0.2
KH$_2$PO$_4$/g	1.6	—	—
NaH$_2$PO$_4$·2H$_2$O/g	—	0.41	0.01
葡萄糖/g	—	1	2
加蒸馏水至/mL	1 000	1 000	1 000

注：* 特别适合于鱼类心脏。

（1）配制生理盐水时应先将上述各种成分分别溶解后，再逐一混合，然后加入 $CaCl_2$（或 $NaHCO_3$）混合，最后再加入蒸馏水至 1 000 mL。最好使用新鲜配制或在低温保存到生理盐水中，配制生理盐水的蒸馏水最好能预先充气。

还可采用下列简易的配置方法：以最常用的 Burnslock 淡水鱼类生理盐水为例，先配制 3 种储备液各 500 mL。

A 液	NaCl/g	29.5	
	KCl/g	1.25	加蒸馏水至 500 mL
	$MgSO_4 \cdot 7H_2O$/g	1.45	
	KH_2PO_4/g	8.00	
B 液	$CaCl_2$/g	1.4	加蒸馏水至 500 mL
C 液	$NaHCO_3$/g	10.5	加蒸馏水至 500 mL

使用时，A、B、C 各取 10 mL，加入 70 mL 蒸馏水中。

（2）各种生理盐溶液的用途

①生理盐水：即与血清等渗溶液的 NaCl 溶液，在冷血动物应用 0.6%～0.65%，在温血动物应用 0.85%～0.9%。

②任氏液：用于蛙及其他冷血动物。

③乐氏液：用于温血动物心脏、子宫及其他离体器官。用作灌注液，使用前须通入氧气泡 15 min，低钙乐氏液（含无水 $CaCl_2$ 0.05 g）用于离体小肠及豚鼠的离体支气管灌注。

④台氏液：用于温血动物的离体小肠。

2. 消毒液、洗液的配制

（1）常用消毒药品的配制方法及用途（附表 1-4）

附表 1-4　常用消毒药品的配制方法及用途

消毒液名称	常配浓度及方法	用途
新洁尔灭	1/1 000	洗手，消毒手术器械
来苏尔	3%～5%	器械消毒，实验室地面，动物笼架，实验台消毒
（煤酚皂溶液）	1%～2%	洗手，皮肤洗涤
石炭酸（酚）	5%	器械消毒，实验室消毒
	1%	洗手，手术部位皮肤洗涤
漂白粉	10%	消毒动物排泄物，分泌物，严重污染区域
	1%	实验室喷雾消毒
生石灰	10%～20%	污染的地面和墙壁的消毒
福尔马林	36%甲醛溶液	实验室蒸汽消毒
	10%甲醛溶液	器械消毒
乳酸	100 m^3 空间用 4～8 mL 碘 3.0～5.0 g	实验室蒸汽消毒
碘酒	碘化钾 3.0～5.0 g 75% 乙醇加至 100 mL	皮肤消毒，待干后用75%乙醇擦去
高锰酸钾液	高锰酸钾 10 g 蒸馏水 100 mL	皮肤洗涤消毒

（续）

消毒液名称	常配浓度及方法	用途
硼酸消毒液	硼酸 2 g 蒸馏水 100 mL	洗涤直肠、鼻腔、口腔、眼结膜等
呋喃西林消毒液	雷佛奴尔 1 g 蒸馏水 100 mL	各种黏膜消毒，创伤洗涤

（2）常用各种洗涤液的配制方法及用途

①肥皂和水为乳化剂，能除污垢，是常用的洗涤液，但须注意肥皂质量，以不含沙质为佳。

②重铬酸钾硫酸洗涤液：通常称为洗洁液或洗液，其成分主要为重铬酸钾与硫酸，是强氧化剂。

因其有很强的氧化力，一般有机物如血、尿、油脂等类污迹可被氧化而除净。事先将溶液稍微加热，则效力更强。新鲜铬酸洗涤液为棕红色，若使用的次数过多，重铬酸钾就被还原为绿色的铬酸盐，效力减小，此时可加热浓缩或补加重铬酸钾，仍可继续使用。

配方：稀洗液　　重铬酸钾　　　　10 g

　　　　　　　　粗浓硫酸　　　　200 mL

　　　　　　　　水　　　　　　　100 mL

　　　　浓洗液　　重铬酸钾　　　　20 g

　　　　　　　　粗浓硫酸　　　　350 mL

　　　　　　　　水　　　　　　　40 mL

配法：先取粗制重铬酸钾 20 g，放于大烧杯内，加普通水 100 mL 使重铬酸钾溶解（必要时可加热溶解）。再将粗制浓硫酸（200 mL）缓缓沿边缘加入上述重铬酸钾溶液中即成。加浓硫酸时须用玻璃棒不断搅拌，并注意防止液体外溢，若用瓷桶大量配制，注意瓷桶内面必须没有掉瓷，以免强酸烧坏瓷桶。配时切记：不能把水加于硫酸内（因为硫酸遇水瞬间产生大量的热量使水沸腾，致体积膨胀而发生爆溅）。

使用时先将玻皿用肥皂水洗刷 1~2 次，再用清水冲净倒干，然后放入洗液中浸泡约 2 h，有时还需加热，提高清洁效率。经洗液浸泡的玻皿，可先用自来水冲洗多次，然后再用蒸馏水冲洗 1~2 次即可。

附有蛋白质类或血液较多的玻皿，切勿用洗液，因易使其凝固，更不可对有如乙醇、乙醚的容器用洗液洗涤。

洗液对皮肤、衣物等均有腐蚀作用，故应妥善保存。使用时带保护手套。为防止吸收空气中的水分而变质，洗液贮存时应加盖。

3. 脱毛剂的配制

常用脱毛剂的配制配方：

①硫化钠 3 份、肥皂粉 1 份、淀粉 7 份，加水混合，调成糊状软膏。

②硫化钠 8 g、淀粉 7 g、糖 4 g、甘油 5 g、硼砂 1 g、水 75 g，调成稀糊状。

③硫化钠 8 g 溶于 100 mL 水内，配成 8% 硫化钠水溶液。

④硫化钡 50 g、氧化锌 25 g、淀粉 25 g，加水调成糊状。或硫化钡 35 g、面粉或玉米粉 3 g、滑粉 35 g，加水调成糊状。

⑤生石灰 6 份、雄黄 1 份，加水调成黄色糊状。

⑥硫化碱 10 g(染土布用)、生石灰(普通)15 g，加水至 100 mL，溶解后即可使用。

上述①~③配方，对兔、大鼠、小鼠等小动物脱毛效果较佳。脱一块 15 cm × 12 cm 的被毛，只需 5~7 mL 脱毛剂，2~3 min 即可用温水洗净脱去的被毛。上述⑥配方对犬的脱毛有效。

4. 特殊试剂的保存方法

(1)氯化乙酰胆碱 在一般水溶液中易水解失效，但在 pH 4 的溶液中则比较稳定。如以 5%(4.2 mol/L)的 NaH_2PO_2 溶液配成 0.1%(6.1 mol/L)左右的氯化乙酰胆碱溶液贮存，用瓶子分装，密封后存放在冰箱中，可保持药效约 1 年。临用前用生理盐水稀释至所需浓度。

(2)盐酸肾上腺素 肾上腺素为白色或类白色结晶状粉末，具有强烈的还原性，尤其在碱性液体中，极易氢化失效，只能以生理盐水稀释，不能以任氏液或台氏液稀释。盐酸肾上腺素的稀释液一般只能存放数小时，如在溶液中添加微量(10 mmol/L)抗坏血酸，则其稳定性可显著提高。肾上腺素与空气接触或受日光照射，易氧化变质，应贮藏在遮光、阴凉、减压环境中。

(3)磷酸组织胺 为无色长菱形的结晶，在日光下易变质，在酸性溶液中较稳定。可以仿照氯化乙酰胆碱的贮存方法贮存、临用前以生理盐水稀释至所需浓度。

(4)催产素及神经垂体素 在水溶液中易变质失效。但如果以 0.25%(0.4 mol/L)的乙(盐)酸溶液配制成每毫升含催产素或神经垂体素 1 IU 的贮存液，用小瓶分装，灌封后置冰箱中保存(4℃左右，不宜冰冻)，约可保持药效 3 个月。临用前用生理盐水稀释至适当浓度。若发现催产素或神经垂体素的溶液中出现沉淀，不可使用。

(5)胰岛素 在 pH 3 时较稳定，如需稀释，也可用 0.4 mol/L 盐酸溶液作稀释液。

5. 常用血液抗凝剂的配制及用法

(1)肝素 抗凝血作用很强，常用来作为全身抗凝剂，特别是在进行微循环方面的动物实验时，肝素的应用具有重要意义。

纯的肝素 10 mg 能抗凝 100 mL 血液(按 1 mg = 100 IU，10 IU 的肝素能抗凝 1 mL 血液计)。如果肝素的纯度不高或过期，所用的剂量应增大 2~3 倍。用于试管内抗凝时，一般可配成 1%肝素生理盐水溶液。取 0.1 mL 加入试管内，加热 80℃烘干，每管能使 5~10 mL 血液不凝固。

做全身抗凝时，一般剂量为：大鼠 2.5~3 mg(200~300 g)，兔或猫 10 mg/kg，犬 5~10 mg/kg。如果肝素的纯度不高或过期，所用剂量应增大 2~3 倍。

(2)草酸盐合剂

配方：草酸铵	1.2 g
草酸钾	0.8 g
福尔马林	1.0 mL
蒸馏水加至	100 mL

配成 2%溶液，每毫升血加草酸盐 2 mg(相当于草酸铵 1.2 mg、草酸钾 0.8 mg)。用前根据取血量将计算好的量加入玻璃容器内烤干备用。如取 0.5 mL 于试管中，烘干后每

管可使 5 mL 血不凝固。此抗凝剂量适于作红细胞比容测定,能使血凝过程中所必需的 Ca^{2+} 沉淀达到抗凝的目的。

(3)枸橼酸钠　常配成 3%~8% 水溶液,也可直接用粉剂。

枸橼酸钠可使钙离子失去活性,故能防止血凝。但其抗凝作用较差,其碱性较强,不适于做化学检验之用。一般用 1:9(即 1 份溶液,9 份血)的溶液用于红细胞沉降和动物急性血压实验(用于连接血压计时的抗凝)。不同动物,其浓度也不同:犬为 5%~6%,猫为 2%枸橼酸钠+25%硫酸钠,兔为 5%。

(4)草酸钾　每毫升血需加 1~2 mg 草酸钾。如配制 10% 水溶液,每管加 0.1 mL 则可使 5~10 mL 血液不凝固。

6. 几种实验动物常用麻醉药物的参考剂量(附表 1-5)

附表 1-5　常用实验动物几种常见的麻醉药的给药参考剂量

药物名称	给药途径	犬	猫	兔	豚鼠	大鼠	小鼠	鸟类
戊巴比妥钠	iv	25~35	25~35	25~40	25~30	25~35	25~70	
	ip	25~35	25~40	35~40	15~30	30~40	40~70	
	im	30~40						50~100
苯巴比妥钠	iv	80~100	80~100	100~160				
	ip	80~100	80~100	150~200				
硫喷妥钠	iv	20~30	20~30	30~40	20	20~50	25~35	
	ip		50~60	60~80				
氯醛糖	iv	100	50~70	60~80		50	50	
	ip	100	60~90	80~100		60	60	
氨基甲酸乙酯 (乌拉坦)	iv	100~2 000	2 000	1 000	1 500			
	ip	100~2 000	2 000	1 000	1 500	1 250	1 250	
	im							1 250
氨基甲酯乙酸+ 氯醛糖	iv			400~500+				
	ip			40~50		100+10	100+10	
水合氯醛	iv	100~500	100~500	50~70(慢)				
	ip				400	400	400	

注:iv 为静脉注射,ip 为腹腔注射,im 为肌内注射。

常用的鱼类麻醉剂和使用剂量如下:

①乙醚:10~20 mL/L 。

②特戊醇:5~6 mL/L 。

③尿烷(氨基甲酸乙酯):5~40 mg/L 。

④MS-222:是目前最通用的鱼类麻醉剂,特别适用于鱼类手术过程麻醉,但价格较高,需从国外进口,剂量为 1:10 000~1:45 000 。

⑤喹那啶:麻醉效果也较好,剂量为 0.01~0.03 mL 溶于等量的丙酮内加入 1 L 水中。但麻醉后鱼还保持某种程度的反射性反应,故不太适宜用于手术过程长的麻醉,如用 MS-

222 和喹那啶的混合麻醉，效果就很好。

⑥妥开利注射液(tracrium injection)：用于手术前骨骼肌松弛作用，剂量为鱼类肌内注射 0.03~0.06 mg/100 g。保持有呼吸水情况下，可维持 4~8 h。

降低水温(如加冰)加上麻醉剂的效果更佳。

鱼浸入麻醉剂后活动性减弱，身体失去平衡，鳃盖活动减弱以致消失，对外界刺激无反应。应根据实验目的来决定鱼的麻醉程度。如进行注射药物或抽取血样，只需要轻度麻醉，并用稀释的麻醉液不断灌注鱼鳃部，使鱼持续保持麻醉状态。

鱼经麻醉液处理后移入清水中，通常 1 min 左右苏醒，鳃盖开始进行恢复呼吸动作。如果移入清水中 1 min 后仍未苏醒与恢复呼吸动作，就要进行人工呼吸，用新鲜流水直接注入口腔和鳃部，并用手帮助鱼的口部进行呼吸动作。

附录 2　实验动物的生理指标

附表 2-1　常见实验动物的一般生理常数参考值

动物	体温(直肠温度)/℃	呼吸频率/(次/min)	潮气量/mL	心率/(次/min)	血压(平均动脉压)/kPa	总血量/%(占体重百分比)
兔	38.5~39.5	10~15	19.0~24.5	123~304	13.3~17.3	5.6
犬	37.0~39.0	10~30	250~430	100~130	16.1~18.6	7.8
猫	38.0~39.5	10~25	20~42	110~140	16.0~20.0	7.2
豚鼠	37.8~39.5	66~114	1.0~4.0	260~400	10.0~16.1	5.8
大鼠	38.5~39.5	100~150	1.5	261~600	13.3~16.1	6.0
小鼠	37.0~39.0	136~230	0.1~0.23	328~780	12.6~16.6	7.8
鸡	40.6~43.0	22~25		178~458	16.0~20.0	
蟾蜍		不定		36~70		5.0
青蛙		不定		36~70		5.0
鲤鱼				10~30		

附表 2-2　常见实验动物血液学主要生理常数

动物	红细胞数/(10^{12} 个/L)	白细胞数/(10^9 个/L)	血小板/(10^{10} 个/L)	血红蛋白/(g/L)	红细胞比容/%
兔	6.9	7.0~11.3	38~52	123(80~150)	33~50
犬	8.0(6.5~9.5)	11.5(6~17.5)	10~60	112(70~155)	38~53
猫	7.5(5.0~10.0)	12.5(5.5~19.5)	10~50	120(80~150)	28~52
豚鼠	9.3(8.2~10.4)	5.5~17.5	68~87	144(110~165)	37~47
大鼠	9.5(8.0~11.0)	6.0~15.0	50~100	105	40~42
小鼠	7.5(5.8~9.3)	10.0~15.0	50~100	110	39~53
鸡	3.8	19.8		80~120	
蟾蜍	0.38	24	0.3~0.5	102	
青蛙	0.53	14.7~21.9		95	
鲤鱼	0.8(0.6~1.3)	4.0		105(94~124)	

附表 2-3　常见实验动物白细胞分类计数参考值　　　　%

动物种类	中性粒细胞	嗜酸性粒细胞	嗜碱性粒细胞	淋巴细胞	单核细胞
兔	32.0	1.3	2.4	60.2	4.1
犬	66.8	2.6	0.2	27.7	2.7
猫	59.0	6.9	0.2	31.0	2.9
豚鼠	38.0	4.0	0.3	55.0	2.7

（续）

动物种类	中性粒细胞	嗜酸性粒细胞	嗜碱性粒细胞	淋巴细胞	单核细胞
大鼠	25.4	4.1	0.3	67.4	2.8
小鼠	20.0	0.9		78.9	0.2
蟾蜍	7.0	27.0	7.0	51.0	8.0
鸡	13.3~25.8	1.4~2.5	2.4	64.0~76.1	5.7~6.4
鸽	23.0	2.2	2.6	65.6	6.6
鲤鱼	55.4	0.2		36.3	8.1

附录 3　实验参数配置表

实验名称	显示模式	采样间隔	触发方式	通道号	信号	换能器	交直流	放大倍数	刺激参数及刺激方式
不同刺激强度刺激肌肉	连续记录	1 ms	自动	1 4	张力 刺激标记	张力 刺激电极	DC	500 5	单刺激或主周期刺激
不同持续时间刺激肌肉	连续记录	1 ms	自动	1 4	张力 刺激标记	张力 刺激电极	DC	500 5	单刺激或主周期刺激
不同刺激频率刺激肌肉	连续记录	1 ms	自动	1 4	张力 刺激标记	张力 刺激电极	DC	500 5	单刺激、主周期刺激或自动频率调节
骨骼肌电活动与收缩的关系	连续记录	50 μs	自动	1 4	张力 刺激标记	张力 刺激电极	DC	500 5	单刺激或主周期刺激
神经干动作电位及传导速度	记忆示波	25 μs	刺激器	2 4	动作电位 动作电位	神经屏蔽盒 刺激电极	AC AC	500 500	主周期刺激
神经干不应期测定	记忆示波	25 μs	刺激器	2 4	动作电位 刺激标记	神经屏蔽盒 刺激电极	AC	500 5	自动间隔调节
心室期前收缩与代偿间歇	连续记录	1 ms	自动	1 3 4	张力 心电 刺激标记	张力 心电测量线 刺激电极	DC AC	500 1 000	单刺激
心肌不应期测定	记忆示波	100 μs	刺激器	3 4	心电 刺激标记	心电测量线 刺激电极	AC	500 5	自动间隔调节
离体心脏灌流	连续记录	1 ms	自动	1 3	张力 心电	张力 心电测量线	DC AC	500 1 000	串刺激

（续）

实验名称	显示模式	采样间隔	触发方式	通道号	信号	换能器	交直流	放大倍数	刺激参数及刺激方式
心室内压测定	连续记录	1 ms	自动	1	压力	压力	DC	500	串刺激
				3	心电	心电测量线	AC	1 000	
离体心脏冠脉血流量测定	连续记录	1 ms	自动	1	张力	张力	DC	500	串刺激
				2	记滴	记滴	DC	500	
动物心电图向量图	X-Y记录仪	1 ms	自动	2	心电	心电测量线	AC	1 000	
				4	心电	心电测量线	AC	1 000	
动物心电	连续记录	1 ms	自动	3	心电	心电测量线	AC	1 000	
动物心电容积导体	连续记录	1 ms	自动	3	心电	心电测量线	AC	1 000	
心室肌细胞跨膜电位	记忆示波	100 μs	刺激器	3	胞内电位	玻璃微电极	AC	500	主周期刺激
动物动脉血压测定	连续记录	1 ms	自动	1	压力	压力	DC	500	串刺激
				3	心电	心电测量线	AC	500	
减压神经（膈神经）放电	连续记录	25 μs	自动	1	神经放电	保护电极	AC	10 000	主周期刺激
				3	心电	心电测量线	AC	500	
动物潮气量测定	连续记录	5 ms	自动	1	压力	压力	DC	500	串刺激
动物呼吸运动观察	连续记录	5 ms	自动	2	压力	压力	DC	500	串刺激
跨膈压的测定	连续记录	5 ms	自动	1	压力	压力	DC	500	串刺激
动物膈肌张力的测定	连续记录	5 ms	自动	2	张力	张力	DC	500	单刺激或主周期刺激
动物膈肌肌频率张力曲线的测定	连续记录	1 ms	自动	1	肌电	保护电极	AC	10 000	自动频率调节
动物膈肌肌电图的观测	连续记录	25 μs	自动	2	张力	张力	DC	500	主周期刺激
离体肠肌的运动	连续记录	50 μs	自动	1	血压	压力	DC	500	串刺激
影响尿生成的因素	连续记录	1 ms	自动	2	记滴	记滴	DC	500	主周期刺激

注：AC 为交流电；DC 为直流电。